〔日〕谷口忠大———著

丁丁虫———译

爱丽丝 计划

人工智能的
现在与未来

僕とアリスの
夏物語

人工知能の、その先へ

人民文学出版社

著作权合同登记号　图字 01-2022-6726

BOKU TO ARISU NO NATSU MONOGATARI, JINKO CHINO NO SONO SAKI E
by Tadahiro Taniguchi
2022 by Tadahiro Taniguchi
Originally published in 2022 by Iwanami Shoten, Publishers, Tokyo.
This simplified Chinese edition published 2023
by The People´s Literature Publishing House, Beijing
by arrangement with Iwanami Shoten, Publishers, Tokyo

图书在版编目（CIP）数据

爱丽丝计划:人工智能的现在与未来/(日)谷口忠大著;丁丁虫译. —北京:
人民文学出版社,2023
　ISBN 978-7-02-017907-7

　Ⅰ.①爱… Ⅱ.①谷…②丁… Ⅲ.①人工智能—普及读物 Ⅳ.① TP18-49

中国国家版本馆CIP数据核字(2023)第045901号

责任编辑　汪　徽　董佳林
责任印制　任　祎

出版发行　人民文学出版社
社　　址　北京市朝内大街166号
邮政编码　100705

印　　刷　三河市宏盛印务有限公司
经　　销　全国新华书店等

字　　数　112千字
开　　本　880毫米×1230毫米　1/32
印　　张　6.75
印　　数　1—5000
版　　次　2023年4月北京第1版
印　　次　2023年4月第1次印刷

书　　号　978-7-02-017907-7
定　　价　58.00元

如有印装质量问题,请与本社图书销售中心调换。电话:010-65233595

目　录

第 1 话　**来访者**

耳边响起轻微的振动声。手机来电叫醒了天泽悠翔，他用左手在枕边摸索——实际根本没有枕头——才发现自己睡在客厅的沙发上。手机埋在沙发背和坐垫的缝隙间，正在闪烁。

"你还好吗？老师也很担心哦。早点好起来，到学校来吧。等下我把复印的资料送给你。"

消息来自自幼相识的成濑绘里奈。自从上了六年级，悠翔就没去过学校。他知道绘里奈担心自己，也感到很抱歉，但他确实找不到理由去那个无聊的学校，更何况同学都排挤自己。学校里教的内容，全都可以通过在线视频学到。

他从沙发上爬起来，滑动手机屏幕、启动 App，消息被标记成已读，他用一只狸猫在被子上滚来滚去的动图做了回复。没什么特别的意思，不过绘里奈能明白的。

一个人在家的时间长了，担心悠翔的父母便给他配置了手机。

最初说好只能用来和爸爸妈妈打电话，但随着他在网上找资料、读漫画、看视频，规则就这样一点点被打破了。

悠翔望向放在客厅角落里的书架，视线落在书架最上面一层。那里盘踞的一个白色蛋形物体是网络摄像头，时不时来回转动一下。有时是自行转动，有时是父母在工作单位远程遥控转动的。刚装好的时候，妈妈说"很方便呀"，但悠翔却觉得"哪里方便"。就算喊一声"妈妈"，摄像头那边的妈妈也听不到。不过，这个摄像头好像多多少少能给父母一点安心感。

摄像头内置的 AI，能够自动检测影像中的动作，记录悠翔的行动，还能把他的行动内容分成几类，作为生活记录保存下来。妈妈回到家，经常会查看那些记录。她一边回放记录，一边叮嘱悠翔说"不能总是看视频呀"，悠翔回答，"我学习的时候没拍到嘛"。

视频服务商会不断推荐新的视频，爸爸说那也是一种 AI。悠翔的爸爸妈妈都是 AI 研究人员，分别在大学和日本国立研究机构里工作。两个人工作都很忙，悠翔很尊敬他们。

"Hello，智能音箱。播放流行的动漫歌曲。"

"悠翔先生，您好。播放流行的动漫歌曲。找到了'最新动漫歌曲集'的歌单，马上播放——"

餐桌旁边的橱柜里传出声音。听起来虽像是人类的声音，但总有种人造物的拘谨。很快，房间里响起了一首悠翔熟悉的科幻动画片主题曲。

悠翔拿起手机。昨晚悠翔看一部动画片到很晚，他出于兴趣想检索相关信息，点击页面链接后立刻转跳到了英文页面，像是国外的粉丝制作的网页。悠翔毫不犹豫地点击了"翻译"按钮，指示进度的图案在屏幕中央旋转了片刻，文字便全变成了日语。

"蒂贝先生约好12点到，记得去接他。"

悠翔正在沙发上懒洋洋地玩手机，屏幕上方突然跳出了爸爸发来的通知。悠翔慌忙抬头去看墙上的挂钟，指针刚过11:45。蒂贝先生快到了！悠翔赶紧从沙发上跳起来，匆匆换下身上的睡衣，桌子上的手机又振动起来。

"对了，他还带了一个和你差不多年纪的女生，要好好相处哦。好吧，前提是你们能交流的话。"

那条消息后面跟着一张正在紧张地流汗的小熊表情包，悠翔叹了一口气。他待在家里不出门，好像连爸爸都产生了奇怪的担忧，和第一次见面的女孩子聊天也没那么可怕吧。

不过和低年级的时候不一样，大家确实开始对男女生的区别一点点敏感起来。实际上，自己现在能够自在地说话的女生，好像只有绘里奈一个。她和自己不一样，又温柔、又漂亮，笑起来很开朗，很容易融进大家的圈子。甚至有传言说，整个年级有一半的男生都喜欢她。不过悠翔从没有用那种眼光看过她，他搞不明白为什么。就在这时，大门外的门铃响了。

"——啊，来了。"

一定是蒂贝先生，悠翔突然紧张起来。从"蒂贝"这个名字看，对方肯定是外国人。爸爸没有额外提什么，蒂贝先生大概是会日语的，但万一他只会说英语该怎么办？尽管有手机的同声传译 App 可以帮助他们对话，但悠翔还是很担心。

悠翔看了看可视门铃的液晶屏幕，上面是男性脸庞的特写。比父亲年轻的男人有着一头黑发，外表像是日本人。

"打扰了——"

日语发音也很流畅。明明叫蒂贝这种外国名字。

"您好——"

"啊，是悠翔吧？我是蒂贝，你父亲应该和你提过吧。"

果然是日本人。虽然有种踩空了一脚的感觉，不过悠翔还是松了一口气。可视门铃的摄像头返回了"未登记"的人脸识别结果。悠翔总是觉得，人脸识别虽然挺方便，但除了家人和做过登记的人，其他都返回"未登记"，实在没什么用。

"请稍等，我马上出来。"

悠翔不等对方回答就跑去大门处。很久没有客人来了，他心里交杂着不安与兴奋。爸爸的朋友中有许多有趣的人，而且这一位还带来了女孩子。会是什么样的女孩呢？悠翔套上拖鞋，把门朝外推开。

"——你好啊，悠翔。"

"您好。您是蒂贝先生？"

阳光从打开的门外照进来。

"是我。你就喊我蒂贝博士吧，悠翔！"

明明是温暖的春天，男子却穿着一件黑色的西装长大衣。悠翔忽然觉得对方很可疑，他探出头应道："好的。"

蒂贝的手搭在轮椅扶手上，轮椅上坐着一名金发少女，皮肤白皙透明，眼睛没有焦点地茫然望着前方。对方视线转动，与悠翔四目相对，那琥珀般的眼眸直直盯着悠翔。

"这位是爱丽丝，请多关照啊，悠翔。"

"啊，好的。请多关照，爱丽丝。"

悠翔小心翼翼地问候了一声，但爱丽丝没有任何回应。她脸上毫无表情，睁着眼睛一言不发，头微微歪着。悠翔有点疑惑。她的耳朵听不到吗？

"啊，抱歉，爱丽丝有点状况不能说话。虽然不知道有没有认出你，但我想她也在看着你，她还没有什么记忆，从这层意思上说，她现在什么都不懂。"

悠翔被蒂贝的话吓了一跳，又望向爱丽丝的脸。虽然少女美丽而纤细，却有种说不出的奇怪氛围。

"这样啊？她生病了？是失忆之类的吗？"

"大概算是吧——对了，你不愧是天泽老师引以为豪的儿子，连失忆这种词都知道。嗯，这样我也放心了。"

"放心？放什么心？"

悠翔抬头看向蒂贝博士。他想，蒂贝博士肯定是假名。虽然感觉对方有点古怪，但悠翔并不讨厌这个神秘莫测的男性，也不讨厌轮椅上的少女——爱丽丝。

"什么什么？当然是因为我要把爱丽丝托付给这一家的少年，看到你是这么聪明的孩子，我就放心了呀！时间会挺长，总之拜托你啦。"

说着，蒂贝博士把右手放在爱丽丝的左肩上。

"哎？托付？托付给谁？托付什么？"

悠翔抬头看着蒂贝博士问。博士惊讶地瞪大了眼睛，然后右手摸着下巴，眯起眼睛。

"啊，天泽老师还没说过啊，爱丽丝的事。"

到底在说什么？悠翔的视线在博士和少女之间摇摆。

"接下来，爱丽丝会在悠翔的家里借住一段时间，和你暂时生活在同一个屋檐下。好好和她相处啊，悠翔！"

蒂贝博士露出天真无邪的笑容，竖起了大拇指。

"哎……哎哎哎哎哎？！"

在连声大叫的天泽悠翔面前，金发少女爱丽丝的头比刚才更歪了一点，像是在说"请多关照"，也像是对悠翔的叫声感到奇怪。

海上吹来温暖潮湿的风，吹起她洋娃娃般的金色头发。风卷起樱花花瓣，仿佛在宣告，快被遗忘的春天来了。

解说　人工智能的时代

"智能"是什么？

人的智能非常神奇。刚出生时只会"哇哇"哭着寻找奶水的生命，一年就能行走，两年就能说话，四年就能上幼儿园，开始和小伙伴们玩耍。上了小学，会学习语文、数学、科学、社会等各种知识，也会在体育课上踢足球、玩躲避球。再往后，又会成长为此时此刻正在写这本书的我，以及正在读这本书的各位。人，总会在成长过程中不断丰富并提高自己的智能。

那么，智能是什么？具有代表性的日语词典《广辞苑》第七版中，将"智能"解释为：（1）知识与才能；（2）智力的程度；（3）适应环境、处理新问题的智慧和能力。但这只是一本词典对"智能"这个词的解释，并不是学术界关于智能的一致认识。不妨将之理解为，"人们在使用'智能'这个词的时候，通常指的是这些意思"。因此在这里，我想对这几点做一些探讨。第一，以"知识"与"功能"为中心来解释智能；第二，智能有"程度"之分；第三，"适应环境"也属于智能的重要因素。

差不多二十年前，我读研究生的时候需要选择研究课题。青春时代，我曾经苦思"自由意志的存在"这种哲学性问题；研究生时期，又琢磨起人类的"智能"问题。

"所谓'我在思考'，到底是指什么？"

"人明明不能窥探他人的头脑，为什么可以交流？"

"'我'这个智能所认识的世界，真的存在吗？"

上述问题也许应该属于哲学或心理学的范畴。但是，就读于工学部机械工程领域的我却感觉，身处机械工程和信息工程的世界，才有方法接近人类的"智能"。那就是通过研究机械的"智能"去推导人类"智能"的形成，即使用建构性的方法。它的基本思路是通过建构人工智能和机器人这样的 Model（模拟真实对象的模型），获得对于目标对象的理解。

即使使用"建构人工智能"的说法，"人工智能"一词也可以具有多种含义。"没人真的知道什么是智能"，正是人工智能领域的宿命问题之一。熟悉科幻动画片和真人影视剧的非专业人士，倾向于把人工智能和 AI 视为"拥有心灵且类人的智慧"，也就是说，不是当今技术水平下的人工智能，而是与人类的智能水平别无二致的人工智能。至于我所探求也是在本书中探讨的，同样不是现代的人工智能技术，而是后者所述的"智能"。

人工智能越来越像人吗？

2010 年代的人工智能技术发展，让许多技术——图像识别、语音识别、机器翻译等——逐渐渗透我们的日常生活。有人也把它们称为 AI 技术。AI 是 Artificial Intelligence 的缩写，意为人工智能，本书对这两个词不做区别。[①]

"人工智能"一词听起来非常高端，但现在，其实连小学生都在使用人工智能技术。在故事中，悠翔通过和智能音箱的对话获取信息、欣赏音乐（语音识别、语音合成、信息检索）；把英语网页一键翻译成日语（机器翻译）；用对讲门铃的摄像头识别来访的客人（图像识别）；用监控摄像头识别悠翔自己的行动。一旦人工智能技术渗透生活，大家习以为常，它们便成了几乎没有存在感的工具。

这些早已有之的技术在 2010 年代的发展期，即第三次人工

---

① 在日本，专业性的学术讨论中倾向于使用"人工智能"一词；在科幻小说、动漫作品以及面向大众的商业和宣传中，倾向于使用"AI"一词。——若无特殊注明，本书脚注均为原注。

智能浪潮期，由于性能的飞跃提升而得到了广泛应用。支撑这些技术的正是"让计算机从数据中学习"的机器学习，其基础是深度学习。[①]

那么，像这样的现代人工智能与人类智能的差异是什么？

丢出结论很简单："今天的人工智能没有到达人类的智能水平！"如果讨论到此为止，那就没有什么意义，讨论差异不能仅以对于优劣的评价作为收尾，重要的是深入细节。

事实上，如果将刚才的"人工智能"按照字面意思理解为"所有的人工智能"和"智能的所有方面"，那就错了。因为照这样理解的话，那么人工智能非但不是"没有达到人类的智能水平"，反而还有无数"超越人类智能水平"的案例。

Google DeepMind 开发的 AlphaGo，于 2015 年 10 月首次在分先对局[②] 中战胜人类的专业围棋选手。再倒推约 20 年，IBM 的 Deep Blue 战胜过国际象棋世界冠军卡斯帕罗夫。其实不用列举这些戏剧性的例子，就笔者而言，我的知识问答战胜不了

---

① "深度学习"一词涵盖了几乎所有使用模仿神经系统的机器学习（神经网络）进行研究的方法。与其说它是特定的方法，不如说它代表了一大类非常广泛的函数近似方法。另外，"函数近似方法"是指通过改变内部参数，来近似（逼近）各种函数的带参数函数。

② 指对弈双方轮流执黑先着，占了先手优势的黑棋最后需要向白棋进行贴目以保证公平的围棋对局方式。——编注

Amazon 的 Alexa 和 Apple 的 Siri，四则运算的速度也胜不过区区几块钱的电子计算器。至于机器翻译，近年来的表现也相当优秀。DeepL 的英日互译正确率已经超过了大多数人，考虑到人会疏忽大意，DeepL 更是比笔者优秀多了。此外还有报告指出，在图像识别方面，针对限定类型的物体，人工智能的识别精度也胜过了人类。人工智能已经"超越了人类的智能水平"。

但在给出这些案例的时候，人们往往会说："我说的'人类的智能水平'不是这个意思！"那么，应该是什么意思？这需要我们抱起胳膊好好想想，因为这正是人工智能的关键问题。

例如，类似踢足球、打篮球那样需要实时识别真实世界、控制身体的运动，对于现代的人工智能来说，依然是相当困难的任务。

重新审视人工智能取得成功的领域，我们会发现，无论是多么复杂的问题，它们或是能在计算机中被明确定义规则或状态，比如围棋、国际象棋、四则运算；或是能通过检索网络数据库获得答案，比如知识问答；又或是能将传感器捕获的信息匹配或转换成某种文字符号或文字序列，比如图像识别、语音识别。这些成功都限定在可能性有限的封闭世界中。

很早以前，计算机就能高速处理四则运算，也能访问网络上的大量知识并回传用户所需的信息。2010 年代的人工智能技术发展，在此基础上又令计算机拥有了处理图像、声音、人类手写文字等数据（即"模态信息"）的能力——这类数据并不是为了让计算机理解其内容而准备的，计算机原本也不擅长处理它们。

人们平时所写、所说的自然语言中，充满了不确定性。既没有完全遵守既定的语法，也充满了省略和语法错误。取自真实世界的照片，也不可能出现完全相同的图像。哪怕是 1280 像素×720 像素的标准尺寸也约有 92 万个像素，每个像素又都有自己的 RBG（红绿蓝）值，一个图像便共计约有 276 万个数据。如此巨量的数据，自然不可能因为巧合而保持一致。[1]

计算机能够处理充满了扰动且具有复杂性与不确定性的真实世界的模态信息，便是 2010 年代人工智能技术的核心进步。为了处理这类数据所采用的从大量数据中学习的技术，就是机器学习；将大量数据所包含的建构性信息提取出来的方法，就是深度学习。

比如，AlphaGo 的本质在于，针对几乎不会出现相同情况的围棋盘面局势，它能够推算出相应的评价值[2]。围棋盘的每个位置都有三种状态，即"有黑子""有白子""没有棋子"。19×19

---

[1] 顺带一提，即使各数值只有 0 和 1 两种可能性，其组合也高达 2 的 276 万次方，以十进制表示的话，将约有 83 万位。

[2] 评价值是指评价自己此刻具有多大优势的数值。

棋盘共有 361 个交叉点，其形态与图像非常相似，后者同样用数值来记录每个像素。围棋的难点之一在于通过棋子分布分析当前战况，这与图像识别的难点极为相似。

2010 年代的人工智能技术进步，确实令计算机得以处理人类擅长的（或者说是在无意识中进行的）图像识别、语音识别之类的模态信息，也令其得以应用在诸如棋类对局的局势识别等领域。在这一意义上，它确实缩小了人类智能与人工智能的差异。

那么，人类智能与人工智能还剩下什么差异？

作为"函数"的人工智能

天泽家里运用了各种人工智能技术。客厅角落的书架上放了网络摄像头，随时对拍摄的内容进行图像识别。动作识别（行为识别）会输出"坐下""行走""睡觉"等结果。严格来说，它识别的对象不是单张图片，而是由连续的多张图片构成的动画，不过在广义上也可以视为图像识别的一种。

图像识别中最具代表性的应用，是确定图像中的物体是什么，即"一般物体识别"。例如，输入一张带有杯子的图像，一般物体识别的设备就会输出"杯子"类别的标签。可视门铃中内置的人脸识别也是图像识别的一种，它能确定拍摄到的人物是谁。

智能音箱也是应用人工智能技术的代表性产品之一，这项技术的本质是语音识别和语音合成。智能音箱的代表是 Amazon 的 Echo、Google 的 Google Home 等，而语音识别技术的飞跃发展尤为令人瞩目。语音识别通常会面临声音携带杂音以及声音采集环境的问题 [1]。语音识别的核心技术是听写（转录），也就是用识别器识别出麦克风采集的声音信号，将之转换为文本数据的过程。在这一过程中，语音识别器必须从仅有的声音信号中推测出隐藏在声音数据里的句子。然而在日常生活中采集的声音信号，即使说的是同一个句子，也会因为周围的杂音、各人的声调和语气差异、房间回声之类的空间性声学特性等因素的影响，发生很大的变化。因此，智能音箱面临的任务，"有人在远处朝桌上的麦克风说话时，对说话声进行语音识别"，本来是相当困难的 [2]。不过，随着各种音响技术和机器学习技术的进步，语音识别已经可以对抗杂音等不确定性的干扰，智能音箱便步入千家万户。

　　悠翔在访问国外网站时使用的机器翻译，也是人工智能技术的成果。把英语翻译成日语的机器翻译，相当于把输入的英文文本输

----

[1]　普通人通常难以理解这种问题有什么难度，因为这是人下意识就能解决的简单问题。

[2]　与此相比，仅收录近距离人声的条件下，语音识别会更容易，比如手机的语音输入。在手机上通过 Siri 等语音交互执行的输入和检索之所以比智能音箱更早普及，正是这个原因。

出成日文文本。目前我们建构机器翻译的基本方法是大量的互译文本，即准备英文原文和相应的日语译文，用来训练机器学习工具。[①]

你可能会认为，图像识别、语音识别、机器翻译是完全不同的人工智能技术。但除了神经网络的结构等细节差异[②]，这些技术的基本思路是非常相似的，即"从输入 x 到输出 y 的变换"。

图像识别是针对输入的图像 x，返回类别标签 y；语音识别是针对输入的声音信号 x，返回转录文本 y。换句话说，这些功能，都可以将各自的任务归结到"将输入 x 变换为输出 y"的框架中，通过建构这样的变换装置来实现。

神经网络接收表现为某种（特征）向量的输入 x，并返回同样表现为某种向量的输出 y。此处可以把向量理解为单纯的数字序列。各位只要知道，"在计算机中，各种信息都会变成数字序列"就可以了[③]。上述所有变换都可以通过近似算法求解输入与输出的关系，即求解 y=f (x) 来获得。

用概率论的术语说，通过近似算法求解输入输出关系，意味

[①] 像这样的成对数据，被称为"平行语料库"。在自然语言处理和语言学的世界里，常常把用于研究、分析，以及用作机器学习对象的文本数据（或者带有附属信息的数据），称为语料库。

[②] 尽管这些细节在技术开发上非常重要。

[③] 当然，这一概念是我们在高中所学的"向量"概念的延伸。高中处理的是二维、三维之类的低维向量，而在数据科学和人工智能领域，正如本书中所提及的那样，通常会处理超过 1 万维的向量。

着在输入 x 的时候，可以通过计算各种 x 和 y，来获得输出 y 的概率 $P(y|x)$[①]。这种概率，叫作"条件概率"或"后验概率"。例如，可以进行"天气预报"设备，便是将"日期"视为输入 x，将"下雨"的概率视为输出 y——也就是说，建造了一台输出"降水概率"$P(y|x)$ 的机器。不熟悉概率论的读者，也可以简单地将 $P(y|x)$ 视为（考虑了不确定性的）x→y 的输入输出关系。

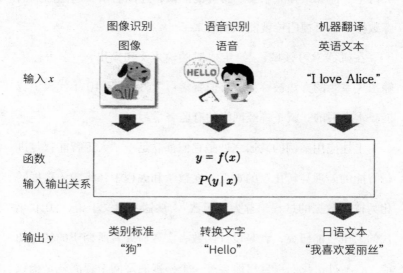

图 1　作为"函数"的人工智能技术。人工智能从图像、语音、英语文本等输入中获得特征向量，给出相对应的输出，实现图像识别、语音识别、机器翻译等各项功能。

---

① 在高中学习的概率、统计学中，条件概率写作 $P_x(y)$，它和 $P(y|x)$ 之间只有书写方式的差异，含义是一样的。

确定这种概率需要"过去的案例",也就是训练数据。例如,要建造人脸识别器,就需要准备大量的人像照片(相当于输入 x)和人名(相当于输入 y)。机器学习会不断调整参数,以便在获得这些训练数据的输入时,给出符合其结果的输出。这种调整的方式,称为"学习规则"。天泽家的可视门铃一开始无法识别蒂贝博士,但如果预先采集了蒂贝的图像,连同名字一起添加到训练数据中,可视门铃就能识别出来了。

在机器学习领域,"给定成对的输入 x 和输出 y,学习输入输出关系"的方法被称为"有监督学习"。引领 2010 年代人工智能技术发展的,就是神经网络的有监督学习。

上述应用案例的共通之处是它们都立足于"人工智能就是进行智能的处理与转化"的观点。在数学和编程中,将输入数据转化为输出数据的过程,称为"函数"。从这一意义上说,2010 年代的人工智能研究,就是设计函数去实现研究者所期望的转化功能①。不过,我们很自然地会有一个朴素的疑问:智能就是函数吗?

---

① 功能和函数的英语都是 function,这一事实非常具有启发性。

创造发展性智能

或许读者很难理解，我们的智能怎么会是进行某种信息处理的函数？考虑到人类在日常生活中表现出的智能，我们难免会疑惑地问："'函数'能解释智能吗？"当然，我们可以识别图像和声音，也有很多人会做翻译，但不可否认，这些智能处理，都可以用"函数"来表现。不过，所有智能都是函数的论断，同样会令人觉得奇怪。

人类的智能，是通过独一无二的身体获得基于感知运动的封闭经验而逐渐组织化的。封闭是指，我们只能利用视觉、触觉之类有限的感知运动获得信息。我们无法像图像识别和语音识别那样，取出其中一部分功能，通过训练数据进行优化。心灵通过发展、通过与环境的相互作用、通过与他人的相互作用，进行自我组织化[①]。这种描述，也和认知发展心理学之父让·皮亚杰（Jean Piaget）的发生认识论相吻合。

我们不能忘记，人类的智能出现于生物进化的尽头。人类不是由上帝突然创造出来的，而是沿着与其他物种同样的进化路径

---

① 自我组织化是指系统的构成要素并非受到某种俯瞰整体的事物控制，而是通过系统中每个个体的自主行为，创造出具有某种秩序的结构。

发展至今的。这一事实，是人类科学发现中最为重要的发现之一。人类的智能——至少是其基础的部分——是基于身体适应环境培养出来的。而且，不仅是在分叉出不同物种的系统进化中如此，即使是在不同个体的认知发展中，我们也是通过基于身体的感知运动所获取的信息发展和学习的。

另外，开发现代人工智能技术的一大原因依然是"创造具有智能的方便工具"，所以研究者会将智能要素分解成各种智慧功能，将之表现为函数。

在这里，关于发展性的人类智能，与作为"分解智能要素"的人工智能，我想再次强调两者的不同，并提出两个观点：

第一是发展。初生的动物幼崽慢慢成长，在所处环境中四处走动、获取食物并生存下去。有些动物从卵中孵化出来，马上就能行走；也有些动物像人类一样，出生后相当长的时间内，必须在父母的支持下才能存活。但无论什么动物，出生以后，都是通过发展来产生智能行为。尤其是人类，通过发展的成长特别显著。婴儿出生后，慢慢眼睛能看清东西、伸手能抓住东西、能翻身、能爬动、能玩玩具、能模仿说话、能记住东西和行为的名字、能通过话语而不是哭泣来提要求——这样的发展延绵不绝，上小学、上初中、上高中，经历各种各样的社会生活后长大成人。

第二是身体的固有性与经验的整体性。大部分的人工智能技术开发，都是首先确定任务，然后建构各种神经网络、准备数据集、更新参数。任务在先，系统在后。例如，在建构车载图像识别系统时，首先需要确定，我们希望用系统实现什么目的。而相对的，人的身体只有一具。我们必须根据这具身体能够做到什么，来确定相应的任务。此外，我们也不可能通过纯粹而单一的感知与外界交流，我们的感知总是不间断地获取着图像和声音等信息。基于固有身体的整体性经验，才是智能发展的基础，而任务是从属性的。多种感知信息又被称为多模态信息，使用多模态信息的机器学习也是智能研究的重要方面。

换言之，对智能而言，"发展"的观点非常重要，而其基础则是身体的唯一性。所以在讨论时，我们应当采用这样的观点，即整体性地看待具有身体唯一性的智能会随着时间推移不断发展，而不是把某个时间点上的智能分解出来，将其视为独立的功能。

本书基于上述观点，为向读者介绍"发展性智能"的概念，笔者采用了小说的形式展示智能的发展路径，并通过故事间插入的解说，讨论发展性的智能。

故事开始于一位名叫蒂贝的男子，将金发少女爱丽丝带到主人公天泽悠翔家中。起初，爱丽丝不会说话，也无法正常行走。

她像婴儿一样不断学习、逐渐成长。我想通过爱丽丝的发展学习，讲述智能的构造。

舞台是近未来的世界，日本某处滨海小城。

第 2 话　**探寻万物者**

天泽悠翔听到一楼传来某个东西打碎的声音，还有少女的惨叫声，他不禁在自己的房间里抱住了脑袋。那家伙又打碎东西了！

　　一周前，蒂贝博士把爱丽丝送到了家里。

　　"爱丽丝差不多还是个婴儿，完全听不懂话，所以希望悠翔你好好教她。可以拜托你吗？"

　　悠翔点点头，算是答应了这位号称是父亲朋友的可疑男子。父母上班期间，家里只有自己一个人，时间很充裕。能和可爱的女孩子——大概还是在国外长大的——一起生活，说实话，总觉得像是浪漫的电视剧一样令人兴奋。

　　但是天晓得事情居然会变成这样！

　　"爱丽丝！我不是说过不能随便打开抽屉吗？！"

　　"嗯，啊……"

　　跑下楼梯拉开客厅的门，跪在厨房侧面碗橱前面的少女回过头来。她脸上的表情难以捉摸，像是有点为难，又像有点开心。悠翔双手叉腰，叹了一口气。

"你为什么不能老老实实坐着？附近幼儿园的孩子都比你守规矩。"

"老老实实？幼儿园？"

身穿白色连衣裙的少女疑惑地歪着头。她的视线游移不定，重复着悠翔的话。一个白碗碎在她的膝盖旁边，细小的碎片散落在地上。又要打扫了，真是麻烦。

"我来打扫，爱丽丝，你到那边去。"

"——唔，唔唔唔。"

悠翔不耐烦地指向客厅里沙发的方向。爱丽丝来回打量着悠翔的手指和表情，左右摆动自己的脑袋。她连手势都不理解，悠翔叹了口气。她到底怎么长这么大的？是不是精神上有什么疾病？

他走到爱丽丝身边，伸手从背后插进她的两肋旁，"嘿"的一声把她拉起来。沉甸甸的分量压在手臂上。悠翔已经很久没有接触过女孩子，也从来没有抱起来过女孩子，不过他感觉爱丽丝很重。看起来很纤细，抱起来却沉甸甸的。

悠翔连拖带拽地把爱丽丝弄到客厅门口，爱丽丝睁着眼睛歪着头，老老实实让他拽着。她双手动了动，不过并没有抵抗。悠翔一放手，她就趴倒在地上，然后爬到沙发前，和婴儿一模一样。

悠翔又叹了一口气，回到厨房蹲下，捡起几块大的餐碗碎片。他从橱柜里取出塑料袋，把碎片扔进去扎好口。

悠翔的视线转到厨房另一侧的时候，爱丽丝终于爬到了沙发前，开始玩掉在地毯上的婴儿玩具。看到那副样子，悠翔的脸颊有点抽搐，又想微笑，又想苦笑，心情很复杂。

蒂贝说这不是失忆。但至少眼前发生的情况，只能用这样的词来解释。一个小学四年级左右的女孩子，还像婴儿一样滚着红蓝小球玩，这是行为退化吗？蒂贝说过，"爱丽丝差不多还是个婴儿"。以后也会一直这样吗？

"……真这样的话，那就麻烦了。"

伴随春风到访的美少女，本应该和她开始一段生活在同一屋檐下的浪漫喜剧，却变成了照顾大号婴儿的痛苦日子。

"不过别担心，爱丽丝应该会很快成长起来，肯定很快就能成为你的朋友。"

现在大概也只能相信蒂贝的话了。悠翔用双手去接水龙头里流出的水，无可奈何地想。

砰的一声。悠翔朝客厅望去，爱丽丝一屁股坐在地上，抓起一个空塑料瓶砸到地上，表情很认真。她又抓起另一个瓶子，又砸到地上。客厅地毯上放的东西基本上都不会碎，那就随她去吧，悠翔想。

不过真要说起来，一周前她连东西都抓不住。一开始她伸手去抓眼前的东西时总是抓不住，只能用视线追逐被她推得滚起来的球，而现在她能够抓起各种各样的东西，朝它们里面看、敲打它们。当然，这也导致了悠翔家的餐碗破碎、DVD 盒子被压扁、走廊的墙壁出现凹坑。这大概也是"成长"吧，悠翔想。他关掉水龙头，擦了手，走向客厅。

"哦！"

爱丽丝正在地毯上默默玩耍，悠翔观察她在玩什么，发现好像是在给各种东西分类。地摊上散落着各种颜色的球，还有几个塑料瓶和积木。虽然还很粗略，但它们被分成了几个不同的组。看来，尽管爱丽丝还不会说话，但也记住了不少东西。

"蒂贝先生！我做不来！那个女孩子又不会说话，又不能正常行动，我不知道该怎么办。"

"这就是需要拜托你的地方，她像是刚出生一样。"

"什么叫刚出生？不是已经长那么大了吗？如果都已经这个年纪了，还像婴儿一样，那以后不是一直都会那样了吗？"

"爱丽丝会成长的。她现在真的是零，对这个世界一无所知。只要和你在一起，她肯定会学习的。所以，能不能陪陪她呢——哪怕只是一个月？"

"如果一个月过去还没有改善，我就告诉爸爸把她赶走。"

"哈哈哈，好的好的。你真的很可靠。"

爱丽丝来到家里还不满一个星期，悠翔的不满就爆发了，于是蒂贝博士和他约定了爱丽丝一定会"成长"。

一个快到 10 岁都不会说话的少女，怎么可能在一个月里学得那么快。悠翔心里十分怀疑父亲朋友的话。

但是，蒂贝的话是真的。爱丽丝在一点点变化。她还不会说话，悠翔不知道她在想什么，但她确实在成长。

不过，既然是这样，为什么在来到自己家之前，爱丽丝什么都不知道，什么都不会做呢？正在想这些问题的时候，大门的可视门铃响了。应该还没到蒂贝先生来的时候。悠翔看了看液晶屏幕，那上面是背着红色书包的女孩子脸部特写，AI 显示出"成濑绘里奈"的识别结果。

"——明白。"

"啊，悠翔？是我，绘里奈。我把复印的资料拿来了。"

"啊……嗯，稍等一下。"

悠翔丢下独自玩耍的爱丽丝，穿过走廊走向大门。他伸手扭动把手打开门，外面站着一位穿着夏日风格的无袖天蓝色上衣和黑色紧身裤的少女。

"这个给你！这周的资料。"

笑容满面的少女，把手提纸袋举到悠翔面前。

"……总是麻烦你，真不好意思。"

"没关系！我们家住得这么近。我可以和你打赌，只要说起班上谁来送这个，不管哪个人都会想到我，对吧？而且我又是班委。"

"是啊，总之给你添麻烦了。"

"没事没事，不用在意。其实我也很好奇悠翔'在干什么呢？'……啊，我没什么奇怪的想法！"

"我知道啊，不会误会的。"

"那……好的！"

绘里奈噘起嘴。悠翔伸出右手想接过手提纸袋，但绘里奈并没有把纸袋递过来。

"——打印资料……给我吧。"

"哎，悠翔，你不会在门口拿了东西就赶我走吧？"

"啊？哎呀，这个，是吧。"

少女夸张地大大叹了一口气。

"真叫人吃惊啊，自幼相识的可爱女生特意登门，拦在门外拿过东西就把人家赶走，这可不是小学生的好榜样啊。"

"哎呀……这很正常吧，你本来就是为了送资料来的。"

"好吧好吧，好久没见了，一起玩会儿吧。我今天也没什么学习任务。"

绘里奈露出顽皮的笑容。悠翔没发现的是，那笑容中夹杂着一丝害羞。

"——不行吗？"

"哎呀，也不是不行……"

"反正你爸爸还没回来，家里就你一个人吧？"

"那个……哎呀，我不知道怎么说。"

"好啦好啦，好久没见了，玩玩游戏也好呀！"

绘里奈从不知所措的悠翔身边钻过去，走进大门。

"等一下，绘里奈……那个，现在有点不方便。"

"你说什么呀。你又不上学，无非就是在家里看视频咯？我来陪孤零零的你一起玩呀。"

绘里奈轻车熟路地穿过大门。这是她来过不知道几百次的好朋友家，除了悠翔的家里人，绘里奈可能是穿过这扇大门次数最多的人了。她脱了鞋子，喊了声"打扰啦"，顺着走廊飞快往前走。悠翔喊着"等……等一下"，追在后面。

打开门走进客厅的绘里奈，突然停住脚步。追在后面的悠翔绕到她面前，观察她的表情。

"——怎么了？"

目瞪口呆的绘里奈伸手所指的方向上，坐着身穿白色连衣裙的爱丽丝。

"悠翔……她……是谁?"

金发的美少女一边在地上敲打塑料瓶,一边诧异般地歪着头。

悠翔觉得绘里奈可能有什么误解,但也很头痛,不知道该怎么解释。

解说　探索与物体概念的获得

"物体的概念"是什么?

我们刚出生的时候，对世界一无所知。不知道面前的是什么东西，不知道听到的声音是什么意思，只能通过自身体验去慢慢地认识和了解一切。

不过，"面前的是什么东西"这一问题中，所谓的"什么东西"为何意呢？其实，这是个非常深奥的问题。

假设面前有一个塑料瓶，将它分类到名为"塑料瓶"的类别中能否算作是回答了面前这个物体"是什么东西"的问题？

将输入的图像分类到对应着"塑料瓶"的类别中显然是模式识别的课题，如果能确定它的名字正是"塑料瓶"，是不是就意味着知道了它是"什么东西"？

能做分类、能确定名字，并不意味着知道目标物体的性质。

爱丽丝并不知道"塑料瓶"是"什么东西"。所谓"知道物体是'什么东西'",换一种说法就是,"懂得这个物体的概念"。

我们对物体的了解包含了各种要素。比如说,有关"苹果"的概念,一方面(大多数情况下)包含了红色、球形、沉甸甸的、表面比较光滑、气味比较好闻、吃起来是甜的等要素。这些都来自我们的视觉、听觉、味觉、触觉等感知信息。另一方面,关于"苹果"的知识,也可以表现为"日本青森县的产量很高""一种水果""能长成树"之类可以用语言描述的(可以明确写下来的)知识。这样的知识叫作"符号性知识",在人工智能领域,符号很早就被用于表现知识和概念。"苹果"这个符号,是通过与其他符号的关联性描述的。这当中不需要感知信息。此外,"苹果"的概念不仅包含其本身的性质,也和"用于慰问的礼物""用水果刀削皮"等文化性质有关,在不同的家庭中,可能还是会让人联想起家人的象征,如"过世的爷爷喜欢吃苹果"等。

就人工智能的研究史而言,最先被研究的是上述内容的第二项:基于符号的关联性来描述概念的路径(句法路径)。但如果观察人类的幼儿就会发现,第一项中各种感知信息的统合才是第一步。从认知心理学的角度而言,可以对应劳伦斯·伯萨罗(Lawrence Barsalou)的知觉符号系统理论[1],即:唯有以视觉、触觉等感知信息为基础,才能形成内在表征(伯萨罗称之为"知觉符号"），视觉与听觉之类的感知路径常常被称为"通道"。这种理论认为，多条通道所获得感知信息构成了概念的基础（在第1话的解说中，这类感知信息被称为多模态信息）。

通过"看、摸、听"来学习的机器人

人类的婴儿很顽皮，抓住陌生的东西用牙齿咬、往地上砸会让他们很开心。面向0岁幼儿的玩具中，很多都是能对自主行为产生感知反馈的物体。婴儿通过自主地积极探索环境来获得多模态感知信息，并逐渐在大脑中形成内在表征。

机器人又是如何呢？机器人也能通过获取多模态信息，形成物体的类别和概念吗？

中村友昭等人开展的一系列研究很有意思。它们显示出机器人仅通过获取自身的多模态式感知信息，便可以形成类似于人类的类别概念[2]。

图2是中村等人研究中所用的机器人实验照片。机器人通过抓取物体，从传感器获取触觉信息；通过听取摇动物体时发出的声音，获得听觉信息；通过从多个角度观察物体，获取视觉信息。其后，机器人会自动对获得的数据分类，进行类别形成（Category Formation）。

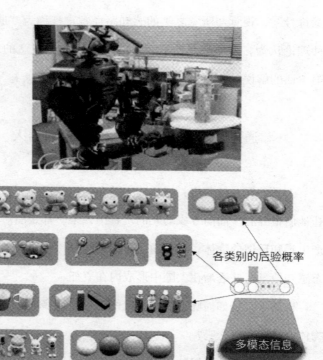

各类别的后验概率

多模态信息

图 2　多模态物体概念形成实验。上方照片中的机器人获得多模态信息，以多模态信息的方式形成物体的特征向量，推理出各类别的后验概率。机器人下方所展示的物体清单，则是将物体按照后验概率最高的类别加以分类展示。即使在人类看来，这样的分类也非常自然。本图由日本电子通信大学中村友昭博士提供。

基于这种相似性从而将提供的数据自动分类成若干群体的方法，在机器学习的领域中被称为"聚类"。举例而言，如果向量空间中有偏差十分明显的点，如图3所示，那么显然存在某种算法，能将这些点分类成三个集合。基于这种聚类的方法，可以创造出能够进行物体类别形成的机器智能。

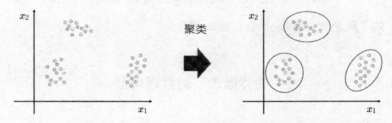

图 3　分属于 3 个类别的数据聚类。对于像这样分散分布在向量空间中的数据点集合，通过适当的聚类方法，可以将之自动分成不同的集合。

具体来说，中村等人基于概率模型开发了一种方法，能让机器人对获取自物体的多模态信息进行聚类分析，展示了机器人从多模态信息中自动辨别物体类别的能力，与人类自然划分类别的能力相似。

该结果对人类的物体概念形成有什么启示呢？

机器人能够识别出物体并分类，意味着在世界上存在这样一种"规律"，即：仅用多模态信息便可以对物体分类，至少可以达到该实验所示的程度。我们常常会先入为主地认为，即使是人类，要学习某种概念也需要有"教导者"。但这个案例显示并非如此。哪怕是婴儿，只要获得了足够的多模态信息，也可以从中形成物体的类别和概念。

那么，能对物体分类，就代表能从中获得物体概念吗？

不尽如此。如前所述，物体的概念被各种信息所支撑，所谓的"概念"，更像是所有信息的综合。

"物体概念"的数理模型

前面介绍了成功令机器人形成"物体概念"的案例，这意味着，在一定范围内，机器人"建立了物体概念的数理模型"。

物体概念的数理模型是什么意思？这个问题非常重要，我尽量用通俗易懂的语言解释，其关键词是"概率生成模型"和"跨模态推理"。

概率生成模型是指用概率模型表现观测数据的生成过程，大部分情况下都可以用"概率图模型"表示。在此，我也想用这种图示进行直观的讲解。

假设通过两种通道信息，如基于视觉信息 x 和触觉信息 y 进行类别形成，此时的概率图模型如图 4 所示。在这张图上，只要确定了某个隐藏变量 z，就意味着确定了受其影响的视觉信息 x 和触觉信息 y 的出现概率。像 z 这样无法直接观测到的隐藏变量，称为"潜变量"。

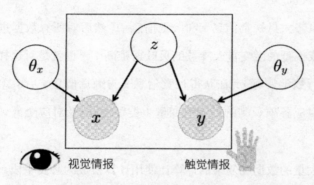

视觉情报　　　　　　触觉情报

图 4　概率图模型的例子。获取观测数据，即视觉信息 x 和触觉信息 y 的多模态信息，形成物体概念。这是概率生成模型的图式表现，方框称为"盘子"（plate），其内部的变量（x,y,z）意味着仅存在物体（观测数据）的数据。与之相对，外部变量（θx，θy），意味着存在与物体数据无关的普遍性知识。

很多情况下，可以直接将潜变量 z 视为物体的类别[①]。比如用 z=1 表示"苹果"这一物体的类别，即"当 z=1 时，视觉信

---

① 严格来说，这个讨论很简略。关于类别是什么，应当以跨模态推理为核心来考虑。由于本书尽量避免复杂的讨论，因此关于这一点，请参考拙著《理解心灵的人工智能》[3] 第 7 章。

息 x 和触觉信息 y 更容易观测到这类数据"。这种"更容易观测到某种数据"的描述，就是条件概率 P（x|z）和 P（y|z）。而由这种由 P（x|z）和 P（y|z）决定的"某种概率分布"，就是所谓的"参数"。

收集大量视觉信息 x 和触觉信息 y，然后对所有数据进行概率生成模型的潜变量及参数的贝叶斯推断[1]，也就是对这样的问题进行数学计算："在获得视觉信息 x 与触觉信息 y 后，怎样计算出对应各项观测的最大潜变量（类别），以及对应全部观测的参数？"

大量的数据和复杂的计算让使用计算机成为必要手段，这就是基于概率生成模型的机器学习。

例如，类似图 3 这种分类成 3 个集合的聚类，可以准备一个变量 z，取值为 1、2、3。基于这一假定，我们对潜变量 z 各取值的概率进行贝叶斯推断，即推断所有数据点，同时推断概率分布的参数，以实现整体性的聚类。

这种概率生成模型方法的首要任务，是建立可以完美解释（或预测）观测数据的模型[2]。其结果便是聚类的实现。

------

① 推论统计的一种方法，指在有更多证据及信息时，更新特定假设的概率。——编注
② "完美解释"可以用贝叶斯概率统计的术语替换为"边际似然最大化"。

换一种说法，这就是机器人在学习"属于类别 z 的物体，会带来什么样的视觉信息 x 和触觉信息 y"。多模态信息物体概念的形成，不是单纯的聚类，也预测对象会给自己的感知系统带来什么样的刺激。

用这样的概率生成模型学习物体概念，可以实现跨模态推理。所谓"跨模态推理"，就是在获得某种通道信息时，预测（推断）其他的通道信息，比如从物体的外观（视觉信息）预测它的触感（触觉信息）。

一般而言，即使获得了视觉信息，也未必能获得触觉信息。但如果能够推理出那是什么物体，就很容易获得触觉信息了。例如，当我们通过视觉（目视）看到了桌上的某个苹果时，我们会意识到，"啊，是苹果"，于是便可以轻松预测出它的触感和气味。这就是通过多模态式物体概念进行跨模态推理。

数学上的后验概率 $P(y|x)$，只要利用联合概率分布 $P(x,y)$，便可以根据贝叶斯定理 $P(y|x)=P(x,y)/P(x)$ 求出，也可以如图 4 所示，在概率图模型上基于 $P(y|x)=P(y|z)P(z|x)$ 的数学关系求出。$P(y|x)$ 表示的是，在给定视觉信息 x 时，有多大概率观测到触觉信息 y。看得懂上述公式的人可以去求证，对于不理解这些公式的人，能提取的重要信息是通过物体概念的形成，能实现从某个通道信息推理出其他的通道信息。换言之，无

论认识主体是人还是机器人，通过跨模态推理，不仅"能将对象物体划归到某个类别"，而且能够认识到对象物体"还具有其他哪些性质"。

跨模态推理是非常普遍的概念。比如我们看到苹果便知道它叫"苹果"，这也可以用跨模态推理来解释。在看到苹果这一物体并获得视觉信息 x 时，我们同时获得了表现为其名称的语言信息 w，于是我们尝试将两者的关联性作为联合概率分布 P（x,w）加以模型化。由此，与物体相关的"描述性语言"便可以作为一种通道信息来处理。看到物体想起名字可以表示为计算 P（w|x），听到名字想起外观可以表示为计算 P（x|w）。

针对"面前是什么东西"这个问题，我们可以认为，基于多模态感知信息的物体概念形成，是对"什么东西"的确定解答。

主动探索的幼儿 vs 被动等待的 AI

幼儿很顽皮。0 岁的婴儿常常会为了吃奶而哭，也会为了莫名的理由而哭。手里拿到什么东西都会往嘴里送。他们喜欢把东西扔到地上，报纸做的玩具发出哗啦哗啦声音的时候也会开心地咯咯笑。这个阶段的婴儿还让人笑得出来，等他们可以扶着东西走路的时候就会开始令人头痛了。他们会把餐巾纸全部从盒子里抽出来，把碗碟从碗橱里拿出来打碎，也会在拐角上撞到头而大哭。

人类幼儿是天生的探索者。观察这种幼儿的特性，就会再次感觉到现代人工智能技术中的智能还是被动的。

比如，建造图像识别器的标准方法，需要人类准备好基于神经网络的机器学习器和训练数据（参考第1话解说）。有了数据集，才能训练机器学习器。在典型的研究开发项目中，"是否能够预先准备好数据集"，甚至成为是否能够批准研究开发的判断基准。

向机器学习器提供训练数据，在习惯上也被描述为"给机器学习器喂食数据"。换句话说，现代的人工智能，就像是张大嘴嗷嗷待哺，嚷嚷着"要吃数据"的雏鸟。

一般而言，我们说给机器学习"准备数据"的时候，包含双重含义。一是要准备输入数据，二是要准备给这些输入数据附加标签（正确输出）的带标签数据（训练数据）。如果只需要输入数据，那很多时候我们可以毫不费力地获得海量数据。比如需要图像数据，用相机连续拍摄便能获得近乎无限的输入数据。但是，有监督学习一般都需要有配对的输入输出数据，必须有正确的输出值才能开始学习。因此，如何降低加标签（人工赋予正确答案的行为）的成本，获取符合目标的数据集，成为研究的重要问题。

另外，人类幼儿的探索行为是极其具有能动性的，他们会基于好奇心持续探索环境。

如何从人工智能的视角解释幼儿的好奇心呢？

让机器人产生好奇心

在有监督学习中，为了推进人工智能学习的能动性，其现行做法是挑选出现有的一条输入数据，要求人类提供"该输入数据的正确输出"，选择"接下来该给哪条输入数据附加标签"的学习即"能动学习"，也是当前正在被研究的领域。

在类似多模态式物体概念形成的无监督学习中，能动学习的意义更加重要。因为在决策、行动、观测结果、认识、学习等一系列循环中，人类这种帮助学习的他者完全没有存在的必要。也正因为如此，只要让机器人获得适当的好奇心，便可以期待它们真的能在没有人类干预的情况下获得各种知识，进行高效认知。

例如，之前介绍的多模态式物体概念形成，笔者的团队提出了能动知觉和能动探索的算法。

以面前有物体存在为前提，在多模态式物体概念形成和基于这一方法的物体识别中，历来需要机器人获得视觉、触觉、听觉等所有通道的信息。但感知信息的获得，往往需要行动成本。为了获得触觉信息，需要伸手触摸；想要听听摇晃时的声音，需要抓住物体摇晃。

尽管物体的概念有各种感知通道信息的支撑，但我们人类日常识别物体并不需要获得所有通道信息，大抵通过目视便可以进行识别。如果无法从外观识别，才会去触摸物体、从别的角度观察物体，通过获取新信息完成识别。

一个问题由此产生："接下来应该获取什么信息？"

是该听声音（获取听觉信息），还是该触摸（获取触觉信息），或者是获取别的信息？

笔者将此时的行动选择称为"能动感知"。

获取什么信息才是正确的？机器人应该获取什么信息才是恰当的？对于这样的问题，数学可以给出合理解释。

例如，假设机器人看到某个物体获得了视觉信息。此时，预测尚未观测的其他通道信息可以通过前述的跨模态推理实现。而预测结果最为分散，也就是"无法准确预测"的感知信息，就是最需要获取的信息。这既能令信息增益最大化，就其结果而言，也最接近[1] 获取全通道信息之后对于物体的认识[4]。这样的思考

---

① 根据潜变量的后验分布（后验概率的概率分布）进行识别，如果通过相对熵（KL散度）计算距离，则该期待值就代表了"最接近"。

方式，在物体概念形成时同样适用。为了高效地形成多模态式物体概念，机器人应当去获取不知道是什么的物体或者无法预测的感觉信息[5]。

这样的算法，给予了机器人探索环境（物体）的好奇心。不是由人赋予的外在动机，而是作为机器人的内在动机产生，且具有纯信息论风格[①]的数学基础。

偶尔尝试做些无用之事的智慧

如果不在行动和决策的学习过程中探索，我们可能永远都无法推动学习的进展。在这个意义上，基于好奇心的行动很重要。

例如，你站在某个十字路口，需要决定是直行还是左转或右转。我们当然会选择"最优项"，而所谓"最优项"，即沿着所选的方向走下去，能够得到最高报酬的选项。

当人工智能初次来到某个"十字路口"，因为从未进行过选择，所以假定预测的每个选项的未来报酬值都是0。如果选择直行后获得了10的报酬，那么下次来到这里，人工智能应该采取什么行动？如果这个人工智能的判断是"根据过去的经验，这个

---

① 运用概率论和数理统计的方法研究信息传输和信息处理系统。——编注

选项最好"，那么它会选笔直前进——哪怕右转其实会得到 100 的报酬。

这个例子表明，如果在决策中"基于过去经验的最好选择"来采取行动，有可能会被早期的选择拖累，永远无法做出真正好的选择。因此，为了获得更好的方案，偶尔也需要故意采取"当前看起来并不是最佳的"行动。这像是人生箴言，却也是数学的事实。

第 1 话的解说中介绍了机器学习的概要，而机器学习中存在着"强化学习"这一领域。人工智能是为了完成目标，自主学习行为选择和战略的机器，所以有很多关于游戏战略、机器人动作的研究。强化学习是为了最大化未来报酬的期待值而进行学习。

前述问题在强化学习领域因如何权衡探索和利用知识而广为人知。优先利用知识会导致缺乏探索；而优先探索则会导致无法做出好的选择。如果"只选择现状下的最优解（利用知识）"，则会依赖于早期的行动，停止学习。因此，"偶尔尝试做些无用之事"非常重要。

对于生活在现实世界中的智能而言，为了了解世界、在未来获取更多的"报酬"，探索是很重要的。如此看来，幼儿把物体砸到地上、在地上爬行，都是出于动物生存本能。换句话说，人类幼儿和爱丽丝随意拉开抽屉拿出碗碟摔碎，其实是她们具有智能的表现。相比许多只知道长大嘴巴"要吃数据"的人工智能，他们聪明得多。

第3话

语言学习者

"悠翔。绘里奈。"

"对对！真了不起呀，爱丽丝。照你这么聪明，淘汰悠翔哥哥也只是时间的问题了！"

"关我什么事！"

客厅里，绘里奈开心地拍着手。悠翔在厨房里一边泡冰咖啡，一边看着她们两个。

两周前，绘里奈送资料来的时候，爱丽丝和绘里奈第一次见面。那天看到爱丽丝，绘里奈本来不太高兴，让悠翔很为难。

"同……同住？！和这么可爱的女生？！"

一开始绘里奈的反应很大，不过悠翔解释了一遍，她慢慢理解了状况，也恢复了冷静。然后两个人不打游戏围着爱丽丝转，起初绘里奈好像还对爱丽丝怀有戒心，但没过一个小时，就变成了邻居家的大姐姐哄小宝宝玩的氛围。傍晚时分，蒂贝来了，绘里奈又直接向博士询问了事情经过。

"话说回来，你也不用每天都来吧？我一个人又不是不能应付。"

"没事没事，是我自己想来，你别跟我客气。"

"哎，我不是客气啊。学校也有很多事情吧？"

"嗯？什么意思？学校的事和爱丽丝有关系吗？"

绘里奈一副不知道悠翔在说什么的样子，悠翔只能挠头放弃。两个星期过去，爱丽丝慢慢成长着。

"西红柿、好吃。空调、凉快。"

"对对！爱丽丝真聪明！记住了好多词汇！"

"爱丽丝、记住、好多、词汇。"

"爱丽丝是很聪明，不过也是因为老师很优秀。"

"喂喂，你这么夸自己不害臊啊？"

悠翔双手垂在椅子两边，笑嘻嘻地看着两个人。

到了梅雨季节，外面的湿气和光照都变得很强，不过开着的空调让家里很凉快。悠翔下意识地想，"如果爱丽丝能理解词义、开口说话，那该多好"。不过他又想，就算不能说话，也没关系。

这些天，爱丽丝一直在学习语言。无论是否理解词义，她依然模仿和记录听到的词汇。一周前，她说话还有点口齿不清，不过最近的发音已经十分清晰了。爱丽丝还是不能将词语组成正确的句子进行聊天，一次只能说出两三个词。尽管如此，爱丽丝学习语言的进展，还是让悠翔和绘里奈很开心。

"爱丽丝说空调很凉快，其实是这个房间很凉快。"

绘里奈站起身，把麦茶倒进餐桌上的玻璃杯里喝了几口。她在天泽家真是不客气。

"啊，嗯，对，外面很热。"

"真的热死了。马上就要上游泳课了，没有空调的教室真是折磨。不过悠翔你这种家里蹲当然不知道啦。"

"关我什么事。要说家里蹲，爱丽丝不是也一样。"

"爱丽丝有什么错，她还小呢，对吧？"

太偏心了。

"不过爱丽丝已经知道这个房间是因为空调才凉快的了。"

绘里奈感慨地说，但悠翔不同意。

"不好说吧，她不知道吧。"

"可她刚才说了呀，空调、凉快。"

"她只是把记住的词说出来而已吧？不见得理解含义。是吧，爱丽丝？"

"——不见得。"

爱丽丝抬起头复述。绘里奈低呼了一声："啊，是吗？"

爱丽丝好像知道"爱丽丝"这个词是在说自己，虽然他们不确定她是不是知道那是自己的"名字"。

"真要说的话，记住词汇和理解词汇的含义可不是一回事。"

"是啊。"

有没有记住词汇只需要看对方能不能说出来，但要弄清对方有没有理解词汇的意思，这可能会很难——悠翔忽然想到这个问题。

"好吧，爱丽丝，来做个测试吧！"

"测试？你是不是要干什么坏事啊，绘里奈？"

"——测试？"

爱丽丝歪起头。绘里奈把喝完麦茶的玻璃杯放到桌上，蹲到爱丽丝面前，带着恶作剧似的表情开心地笑起来。

"不是什么坏事哦。就是一个小游戏，看看爱丽丝知道多少词汇。"

"怎么玩？"

"简单、简单。一个个询问物品的名字就行。"

"哦，有道理。"

这么一说确实很简单。绘里奈马上拿起桌子上的玻璃杯。

"爱丽丝，你看，这个叫什么？"

绘里奈露出大姐姐般的笑容，像上课提问的老师一样微微偏着头。真是刻意的笑容，悠翔想，不过他没说出口。

"这个叫什么？"

爱丽丝坐在地板上，把拿着玻璃杯的绘里奈的话复述了一遍。绘里奈点点头，等爱丽丝继续往下说。但是爱丽丝只是歪着头，什么也没说。好像陷入僵局了。

"我说，绘里奈，她连你问题的意思都没明白吧？你仔细想想，她连词汇的意思都没明白，你问她'这个叫什么'，她未必能理解你的问题。"

"啊，没错。那我怎么才能让她回答呢？"

"唔，问法简单一点试试看呢？"

悠翔从绘里奈手里接过杯子，蹲到爱丽丝旁边。

"爱丽丝，这是玻璃杯，明白吗？这个。"

他指着玻璃杯问爱丽丝。

"玻璃杯……你说说看。"

"玻璃杯。"

"对，这是玻璃杯。你说得很好。"

悠翔飞快地摸了摸爱丽丝的头。爱丽丝眯起眼睛，很开心的样子，让旁边的绘里奈很羡慕。悠翔接着又指向沙发。

"那这个呢？"

爱丽丝看了一眼悠翔，顺着他的视线朝沙发的方向望去，然后开口说：

"沙发。"

悠翔和绘里奈下意识地对望一眼，激动地摆出胜利姿势。

"她真的开始理解词汇的意思了！"

"对吧？你看，她已经记住我们的名字了。爱丽丝，那这个呢？"

绘里奈指着悠翔问。

"悠翔。"

"那我呢？"

"绘里奈。"

"太对了！了不起呀，爱丽丝！"

绘里奈忍不住抱住爱丽丝的头，抬头望向悠翔。

"绘里奈，你干吗这么骄傲啊。我知道是很了不起，但了不起的是爱丽丝。"

"我可没有骄傲。"

不过悠翔理解绘里奈这种感觉很骄傲的心情。

接着，绘里奈又指了桌子和椅子，爱丽丝回答，"桌子、椅子"。

"好，那个是什么？"

绘里奈指向问题的源头，空调。如果回答是"空调"，那就没问题了。两个人的视线集中在爱丽丝身上。爱丽丝看了看空调，转头朝两个人说：

"凉快！"

她满脸都是自豪的笑容。

"……这也不算错吧？"

"不好说啊……"

悠翔和绘里奈面面相觑，神色复杂。

＊　　　＊　　　＊

那之后过了几天，放学时成濑绘里奈正在收拾东西准备回家，神崎飒太问她："嘿，听说你最近经常去天泽家？"

他五官端正，头发有点偏棕色，穿着黑色的短袖连帽衫。

"嗯？嗯，是的呀。怎么了，神崎？"

"啊，也没什么。好像上周只有需要你给他送资料，所以我想是不是有什么别的事。"

"啊，神崎，你在担心吗？担心悠翔？"

"不是啊，根本不是这回事儿。"

听到飒太的否认，绘里奈有些疑惑。身后另一个男生喊，"飒太，快走了——"，飒太扭头应了一句"知道了，稍等一下"。他性格开朗又擅长运动，在班上很受欢迎。

"就是好奇你怎么天天都去他家。一直两个人玩吗？"

"不是啊，不是两个人……三个人吧？"

"三个人？班上同学？还是邻居？"

如果是班上的男生，那也要排挤排挤他——飒太在心里小声说——就像对天泽悠翔那样。

"不是的。我也不知道怎么说，算是家人吧？"

"家人？那家伙有兄弟姐妹？"

"他没有兄弟姐妹，应该算是亲戚。"

"亲戚啊。既然有亲戚在，成濑你就不用每天都去了吧？你本来不就很忙了吗？学习呀别的什么事呀。"

飒太微微垂下视线，低声嘟囔，像是在担心绘里奈。

"啊哈哈，谢谢你的关心。不过有她在，我就必须要去啊，悠翔一个人照顾不了小宝宝。"

"……啊，另一个人是小宝宝啊。"

原来如此，飒太大概理解了。

"不太一样，不过也差不多。"

"……是这样啊。"

"方便的话，神崎你也一起来玩？"

面对真诚询问他的绘里奈，飒太退缩了。

"啊，不、不了。我从没去过天泽家，而且，我……和天泽关系不是很好。"

"这样啊？那好吧。"

绘里奈背起红书包，挥手说了声"明天见"。她从座位走到门口，忽然停住脚，回过头。

"不过，我觉得悠翔和神崎肯定能成为好朋友。你们两个有点像。"

绘里奈蓬松的头发摇动着，露出洁白的牙齿说着离开了教室。飒太盯着她的背影看了半晌，直到背后有人问他。

"什么什么？天泽那个笨蛋，和成濑是好朋友吗？"

"怎么可能。"

飒太一拳打在他的肚子上，那个朋友夸张地捂着肚子说"开玩笑的啦"。看到这一幕，另一个人笑出声来。

放学后的教室里空调都关了，对飒太来说又闷又热，连帽衫下的衬衫黏糊糊地贴在身上。

解说　音素与词汇的获得

理解语言所需的知识

爱丽丝开始记忆词汇了。人类的孩子不满 1 岁便开始倾听周围的说话声，慢慢积累关于语言的知识。因其普遍而持续发生，所以我们很难意识到幼儿在什么时刻记住了什么单词。幼儿在自然地接收周围声音的过程中慢慢识别和理解词汇。

那么，现代的标准人工智能又是如何呢？

听取话语及声音的技术被称为语音识别，语音识别的标准任务是在获得语音信号时，将其转录为词汇序列。用第 1 话解说中使用的"函数"来解释，语音识别器就是输入语音信号，输出词汇串的函数。

人类的声音语言所具有的结构如下：句子被分割成词汇单位，

词汇被分割成名为"音素"的离散单位[1]。声音语言中音素和单词的二层结构，被称为"双层组构"[2]。许多语音识别器都对应着双层组构的两阶段处理，一是将语音信号中提取出的声学特征值转化成音素序列，二是将音素序列转化成词汇序列。在此基础上，两阶段处理再以一体化方式执行。[3]

将音素和单词的识别以一体化方式执行，是为了在音素识别中使用有关单词的知识。例如，即使这句话是日语，如果它呈现的是无意义的声音序列，也很难准确识别。与之相对，人在酩酊大醉状态下口齿不清说出来的"谷口，去下一家接着喝"，就算无法顺利识别音素，我们也可以基于掌握的单词从而正确识别其义。将语音识别的过程分成两层的时候，其各自所对应的知识也可以分成两类，即声学模型和语言模型。

....

① 严格来说，词素比单词更具语法细节，音素与单词之间也存在音节，不过这里为了简单起见，只做粗略的说明。另外，元音和辅音构成音节，如日语假名的"か（ka）""し（shi）"等，而构成它们的元音和辅音"k""a""sh""i"则是音素。

② 从声音信号的角度说，音素相当于持续在一定的时间区间内具有相对类似声学特征的声音。此外，多个音素可以排列形成单词。音素自身没有意义，但音素构成单词后便具有了语言上的意义，这种"双层组构"的语言通常不会被明确使用，但构造本身已被广泛接受，并用于许多领域。在语言学和符号学中，它被认为是人类语言的特征性结构。

③ 实际上，如果采用先识别音素、再识别单词的两阶段过程，性能会下降，因此将它们同时执行并使之相互作用。

声学模型表现的是有关音素和声学特征的知识，也就是各音素对应怎样的声学信号、持续多长时间等信息。换言之，声学模型，就是真实声音和音素之间的连接关系。

语言模型表现的是音素序列和单词序列之间关系的知识。一个单词通常对应确定的音素序列。另外，单词也不是随机排列的，它们具有某个单词倾向于出现在另一个单词后面的性质。与真实声音之间的关系由声学模型负责，而像"单词序列的信息""单词与音素序列的关系"等类似词典的信息，则是由语言模型负责记录。

在基本的人工智能技术中，开发语音识别设备时的标准方法，是先准备语音数据和其对应的文字语句，然后通过学习它们的对应关系来优化声学模型和语言模型。[1]

或许会有人认为，是基于声学模型和语言模型的思考方式才导向"制造语音识别设备的技术"。其实，如果我们以人类的语言本身具有的双层组构为前提，自然会产生上述思考方式。

---

[1] 也可以分别学习声学模型和语言模型。在准备声音数据和与其对应的音素序列标签数据以学习声学模型的情况下，可以抛开真实语音，从大量文档中学习单词及其排列模式以学习语言模型。一般而言，相比准备大量电子数据格式的声音数据，准备文本数据要简单得多。

幼儿识别音素与单词

人类的幼儿是怎么获得这些声学模型和语言模型的呢？

在小说中，爱丽丝记住了"西红柿、好吃。空调、凉快"等单词并说出口。此处，爱丽丝至少做到了两件事：一是获得音素，二是获得单词。在语音识别的模型中，这分别对应于声学模型的学习和语言模型的学习。

人类在获取母语时的灵活性令人惊叹，其第一步应该是对音素集合的适应。世界上有各种各样的语言，每一种都有着不同的音素集合。例如，日语有 24 种音素，英语有 44 种音素，每一种语言都对应不同的声学特征。在第二语言习得的过程中，我们需要努力地、有意识地重新学习它们的关系性，所以常常会陷入"苦战"。许多说日语的人会痛苦于分辨英语的"r"与"l"。与此相对，月龄的幼儿在无意识中发展出音素的辨别系统。在此期间，婴儿不断地听取声音，没有人向他们提供正确的音素标签序列。①

----

① 有趣的是，婴儿在其发育初期的音素学习过程中，并不是逐渐变得"能够区分音素"，而是变得"区分不出音素"。如果是母语中被分类为同一个音素的声音，即使婴儿原本会表现出不同的反应，但随着学习的进展也会逐渐变得无法区分。

不同语言的单词集合也不同。音素序列构成单词，通过记忆单词及其序列模式，便可以用相应的知识对应语音识别的语言模型。组合音素创造的单词，其种类数量在理论上是无限的。而能够创造无限的单词，也是人类语言的重要特性。相比之下，当音素必须能被识别为声学特征时，其使用的种类是有限的。

语言的性质是通过音素的排列形成单词，再通过单词的排列形成句子。对于想要获得有关单词知识的学习者来说，便出现了一个根本性问题，即：单词的分割与单词的识别。

例如，"对对！真了不起呀，爱丽丝"[1] 这句话，为了便于确定音素，可以用罗马字母表示为，"SOUSOUERAINEALICECHAN"[2]。我们还可以用罗马字母，将这样一句开头相似的句子"酱汁、盐和胡椒"标记为"SOUSUTOSHIOTOKOSYOU"。那么现在的问题是，在看到这样的字母序列时，你能分辨出哪几个字母构成了一个单词吗？如果有人看到这样的两句话，可能会因为开头的四个字母都一样，因而把"SOUS"视为一个单词。

不仅是获得语言时存在这样的问题，即便是理解普通的句子，

---

[1] 原文为"そうそう！えらいね、ありすちゃん"。——编注

[2] 考虑到日文的罗马字母标记方式并不影响作者想要表达的内容，这里沿用原文的标记方式。——译注

如果单词分割错误，也会导致人无法理解句子的含义。如果爱丽丝把刚才那句话分割成"对对真了 | 不起 | 呀爱 | 丽丝"①，她甚至无法意识到这句话是在说自己。

一般而言，像这样的单词分割问题，可以通过掌握单词知识（即掌握语言模型）来解决。换言之，知道"对对""爱丽丝"这样的词汇，并且知道"爱丽丝"后面通常会带有"ちゃん"②，就可以找到合适的单位词汇了。

因为婴儿根本不知道任何单词，所以他们不能使用既有知识，只能设法从自己听到的话语，还有对自己说的话中识别单词。这就是单词识别的问题。婴儿是怎么识别单词的呢？

利用音列的统计信息

发展心理学家珍妮·萨弗兰（Jenny Saffran）指出，幼儿会利用各种线索进行单词分割和单词识别。其中重要的有：（1）音韵的线索。（2）分布的线索。（3）对应关系的线索。[6]

---

① 原文被分割为"そうそ | うえ | らい | ねあ | りすちゃん"，罗马字母标记为"SOUSO|UE|RAI|NEA|RISUCHAN"，可对照前文无分割的罗马字母标注参考。——编注

② 原文中，绘里奈称呼爱丽丝"アリスちゃん"，"ちゃん"作为表亲密的接尾语没有具体含义。——编注

音韵线索包括声音的高低和强弱、单词间不时出现的无声区间等。一般而言，无声区间容易出现在单词之间，而单词开头的声音会加强。不过这些多为局部且不稳定的特征，如果仅根据这些特征进行机械的划分，也很难顺利完成单词分割。如果搭建一个纯粹依靠无声区间分割单词的系统，那么相当于促音的"っ"因为属于无声区间，所以会被分割开①。例如，"びっくり"（意为惊讶）这个词，会被分割成"び"和"くり"两个单词。此外，即使以音韵线索分割，由于分割后的两个单词出现在不同时间，无法识别出它们的同一性，所以仅靠音韵线索并不能实现单词识别。

分布线索是以音素如何排列的统计信息为线索。比如下列五个文字序列："ABCEFABC""EFHEF""ABCABCBEF""EFABCBBB""BABCEF"，你能找到隐藏其中的单词吗？很多人至少可以从中找到"ABC"和"EF"两个词，有些人还能找到"H"和"B"的单字。此处我们用到的统计信息，就是分布线索。"统计信息"听起来好像很难，但萨弗兰等人指出，即使是8个月大的幼儿也能利用分布线索。[7]

那么，可以仅依靠分布线索来分割和识别单词吗？值得注意

---

① 日语单词中存在不发音的音节，称为促音，也叫阻塞音，来自古汉语中的入声，现代普通话中已经没有这样的音节，因而下文中关于促音的例子保留了日文，未做翻译。——译注

的是，与音韵线索不同，分布线索使用的不是声学特征，而是音素排列的统计信息。换言之，转录的音素序列或者文字序列也存在同样的信息。既然如此，以文字形式记录的文档（文本数据）也会遇到同样的问题。

在自然语言处理领域，单词分割是一项重要任务。自然语言处理，是指让机器处理人类日常所用语言的技术。许多单词分割方法都是事先准备训练数据（答案标记），通过机器学习的训练来建构单词分割系统。①

不过，日常的人类语言活动很容易产生新单词，新单词包括缩略语、年轻人使用的词汇、专有名词等。此外，在分析未知的语言、使用者很少的语言或者古代语言时，也很难提供给人工智能足够的训练数据。那么，能否在没有训练数据的前提下进行单词分割呢？

这是可以实现的。

以持桥大地等人的研究为例介绍 8，他们提出了一种基于贝叶斯理论的新语言模型，通过建立新的推理算法，可以在没有给

---

① 在自然语言处理中，将单词这种具有含义的最小单位称为"词素"，而将同时进行单词分割和判断词性及用法的处理过程称为"词素解析"。因此，一般而言，单词分割由词素解析系统完成。这里为了简化，将之称为单词分割系统。

出答案标记的情况下，仅根据文字序列进行单词分割。持桥等人还给出了一个清晰通俗的演示：将一册《爱丽丝梦游仙境》(*Alice in Wonderland*) 的数据提供给系统，系统从这一册书的信息中发现单词。

这项研究是从文字序列开始的，相当于单词知识的"语言模

lastly,shepicturedtoherselfhowthissamelittlesisterofhersw
ould,intheafter-time,beherselfagrownwoman;andhowshe
wouldkeep,throughallherriperyears,thesimpleandlovingh
eartofherchildhood:andhowshewouldgatheraboutherothe
rlittlechildren,andmaketheireyesbrightandeagerwithmany
astrangetale,perhapsevenwiththedreamofwonderlandoflo
ngago:andhowshewouldfeelwithalltheirsimplesorrows,an
dfindapleasureinalltheirsimplejoys,rememberingherownc
hild-life,andthehappysummerdays.

last ly , she pictured to herself how this same little sis-
ter of her s would , inthe after - time , be herself agrown
woman ; and how she would keep , through allher ripery
ears , the simple and loving heart of her child hood : and
how she would gather about her other little children ,and
make theireyes bright and eager with many a strange tale
, perhaps even with the dream of wonderland of longago
: and how she would feel with all their simple sorrow s ,
and find a pleasure in all their simple joys , remember ing
her own child - life , and thehappy summerday s .

图 5　无监督的单词分割实例。将《爱丽丝梦游仙境》的文本去掉所有空格，用算法对数据进行单词分割，得到的结果如图片下方所示。改编自参考文献 8。

型"可以学习，但与语音识别的"声学模型"相对应的音素知识却无法学习。

因此，笔者等人构建了将声学模型和语言模型一体化的概率生成模型，并创建了一种方法，即通过对这种模型进行统一的贝叶斯推断，同时获取音素集合与单词集合。这显示出在某种程度上，只要有小规模的语音数据，仅利用分布线索便能识别音素和单词。[9] 即使直接利用语音数据，仅根据统计信息，也能进行某种程度的单词识别。

机器人能够"发现"单词吗？

你可能会认为，"既然机器人可以在没有准确学习数据的条件下进行单词分割，那么它们也肯定能和幼儿一样识别单词！"然而，这就是想当然了。曾有过这样的实验：实验者先给机器人安装上训练完毕的音节识别系统，让它能够识别人类所说的话，然后再应用持桥等人的方法，尝试让机器人识别单词。[10] 实验没能得到令人满意的词汇获取结果，是因为机器人在识别音节的阶段就产生了错误，对单词分割造成了不良影响。

那么该怎么办呢？现在还不至于放弃。

其实，人类的幼儿也不是单纯依靠已识别的音节序列去识别单词的，让我们回顾前面没有展开解释的第三条，对应关系的线索。

所谓"对应关系的线索"，是指在发现单词的过程中，不仅使用音列的信息，还利用与之相伴出现的外部信息。例如，面前有个"苹果"的时候，如果经常听到"吃苹果吗？""喜欢苹果吗？""把苹果拿起来"，那么我们很容易理解与面前这个红色的东西相伴的发音"苹果"是一个完整的单词。如果在舒舒服服吹空调、吹电风扇的时候听到"凉快"这个词，大概也会意识到"凉快"是表示舒适的单词。在单词发现的过程中，这种涉及外部信息相关性的统计信息很有用处。

不过，在知道"苹果"这个词之前，机器人能不能理解面前到底有没有"苹果"呢？这个问题我们已经有了答案，即利用多模态式物体概念形成。

正如我们在第2话的解说中看到的那样，在不知道单词的情况下，机器人便可以在某种程度上建构出物体的类别。中村友昭等人结合了他们开发的多模态物体概念形成方法和单词发现方法，让机器人交互学习。他们发现，这样可以降低音节识别错误的不良影响，有效地协同实现物体概念形成和单词识别[11]。换言之，机器人可以利用对应关系的线索，实现质量更好的单词识别。

再展开解释，就是类似这样的情况：假设机器人不能从"吃苹果吗？""喜欢苹果吗？""把苹果拿起来"这些句子中提取出"苹果"这个单词。如果它把"吃""苹果吗""果拿"之类的文字序列当成了单词，在这种情况下，它无法找到面前的苹果和单词之间的对应关系（相伴关系）。相反地，如果能在所有句子中都找到"苹果"这个单词，它便可以作为识别质量更好的特征，"苹果"这一单词总是与苹果这一物体的视觉信息或触觉信息相伴出现。

也就是说，机器学习通过同时执行物体概念形成和单词识别，判断出某个单词的构成"更有道理"，并做出"识别"。

幼儿的语音识别不需要文本

接下来，我们再讨论幼儿的语言获得和语音识别的训练，对比二者我们会发现，他们定义该任务的时间点完全不同。

人们通常会倾向于认为，人工智能技术领域的语音识别其核心任务是听写，也就是识别声音数据将之转换为文本序列。但人类的幼儿在语言获得的过程中并不会这么做。实际上，处于语言学习阶段的幼儿，通常在这个阶段还"不识字"。

从幼儿园或者是在义务教育阶段的小学阶段才开始学习书写

文字，是大部分幼儿的常态。正式学习书写文字前，幼儿没有将文本当作信息来源的能力。幼儿通常先基于语音对话学会语言，然后再学习书写文字。因此，始于文本数据的语音识别训练，其学习顺序与人类幼儿相反。

那么，幼儿所做的语言获得和语音识别到底是什么？在绘里奈对爱丽丝说"对对！真了不起呀，爱丽丝"的时候，如果爱丽丝可以进行语音识别，那么她的脑海中会出现经过准确语音识别的"对对！真了不起呀，爱丽丝"这段"文字序列"吗？

除非能够看到大脑，否则我们没办法了解他人是如何识别语言的。但是，大脑中本来就没有"文本"这样的明确表现，有的只是大脑活动以及基于大脑活动的识别状态。作为语音识别的结果，爱丽丝头脑中存在的大约也不是明确的文本序列，而是更为连续的、更为不确定的内在表征。用神经网络的术语来说，就是被称为"分布式表征"的高维度向量，用概率生成模型的术语来说，就是"潜变量"。

那么我们又如何知道幼儿学会了语言呢？爱丽丝说出了"西红柿、好吃。空调、凉快"等单词，显然，在幼儿的发育过程中，有没有学会语言不是看他们能不能写出文字，而是像小说中悠翔和绘里奈让爱丽丝做的那样，通过正确使用来确认。

是"空调"还是"凉快"?

学会词句（包括理解含义）和单纯的记住音列或文字序列不是一回事。音列必须配合情境和对象，通过对话才能变成词句。没有具体含义的单词序列，只是无意义的音列。

爱丽丝不仅能记住音素和单词，还能用它们区分对象、表达状况。她把沙发称为"沙发"，把桌子称为"桌子"，还把空调称为"凉快"，这个词用得对不对？又错在哪里？她为什么会得到这样的学习结果？

在考虑"词汇获得"的时候，我们倾向于认为：存在某个物体，其名称是唯一确定的，因而学习的内容是对象物体与名称之间的对应关系。但实际上，从孩子出生后的发展性学习角度来看并没有那么简单。孩子们不能被动地接受对象与名称之间的对应关系，而必须能动地去发现。

听到有人说"这是空调哦"，对于尚未完成语法学习的幼儿来说，即使会进行单词分割，他也不知道面前的物体到底是"这"，还是"是"，还是"空调"，还是"哦"。此外，在同样的情境下，听到有人说"空调让这个房间很凉快"，他也无法分辨当前这种状况是不是被称为"空调"，面前那个物体是不是被称为"凉快"。

确定的情境下被提及的对象的内涵却不是唯一的，所涉及的属性也不相同。例如，拿起一个"苹果"，悠翔可能会对爱丽丝说"红色的"，或者说"很好吃"，还会说"是水果"。如果把这些全都当成"苹果"这一物体的名字来记，那可不妙。

要求爱丽丝仅从一次对话和情境中理解"红色""好吃""水果"的含义显然是不合理的，在这个前提下爱丽丝认为"红色""好吃"都是苹果的名字，是非常合理的结论。

不过，悠翔和绘里奈如果说红笔写的文字是"红色"，吃到烤肉时说"好吃"，或者说香蕉是"水果"的话，爱丽丝通过体验和学习各种情境中的语言使用方法，便可以意识到每个单词分别表示什么了。

像这样对比各种情境的经验，逐步理解话语含义的学习，叫作"交叉情境学习"。那么，机器人是否能进行交叉情境学习，即适应情境去理解语言呢？

建立多模态物体概念形成与单词学习的统计学关系，显示出机器人确实可以进行交叉情境学习。

前面提到的中村友昭等人，拓展了多模态式物体概念形成的模型，给视觉、触觉、听觉等通道设定权重，通过指定模型"重视某个通道"，进行各类别的形成。例如，在重视色觉的模型中，形成了对应"蓝色""红色"等颜色的类别。他们使用这样的模型让机器人学习对话,进行单词和类别属性的交叉情境学习。其结果是,机器人能够认识到"蓝色"这个词与色觉通道具有紧密关系,也能将触觉通道和"硬"这个词关联起来[12]。另一个例子是图6所示的谷口彰等人进行的机器人交叉情境学习实验。机器人向物体伸出手,一边敲击,一边听取"敲击 左侧 蓝色 球"之类的对应词汇。机器人在类别化运动的形式和物体的颜色、位置、形状等信息的同时,学习在该情境下,什么单词对应什么通道的什么类别。[13]

像这样的学习结果,意味着机器人即使不知道语法,也能

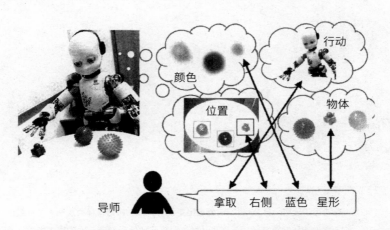

图6 机器人交叉情境学习实验场景。机器人能够对比人类提供的文本和当前的情境,学习各个单词在当前情境下表示什么。改编自参考文献13。

从语言刺激和多模态信息中学习单词的意义及其功能的差异。这里所说的"单词的功能",意指单词是表示位置还是表示动作等,也和单词的语法功能有关。

正如之前讨论的那样,在现实世界中想要获得语言,就会展现出多模态信息与多种情境下的经验整合的侧面。在语言学中,先天知识对语法学习具有强烈影响的观点根深蒂固,而笔者认为,幼儿在语言学习中学习语法构造的时候,现实世界的非语言经验中潜藏的各种信息可能都做出了贡献。[1]

---

① 在语言学领域,自 20 世纪末发展出重视身体性、将语言视为反映人类一般认知能力的认知语言学。笔者也从学生时代开始便受到这一理论很大影响。此外,现实世界中幼儿基于经验的语言获得,是发展心理学领域的热点研究内容。期待这些理论与本章介绍的计算论式的模型相互作用,带来关于人类语言获得更为详细和具体的理解。

第 4 话

徘徊者

蒂贝来到天泽家，推开玄关的大门，只见一个皮肤白皙透明的少女在那儿。她双腿站在地面、腰背挺直，金色的头发从她背上滑下。

"您好，蒂贝先生。"

她穿着符合小学生印象的印有图案的 T 恤和及膝长裙，爱丽丝依靠自己的双腿站着，还能问候来客。身穿藏青色夹克的男子像是吓了一跳，一时间没有答话。一个月前把爱丽丝送来这里的时候，她还站不起来，也不会说话。

少女身后探出两张脸。一个是这家的孩子，他所熟悉的研究者的儿子天泽悠翔，一个是悠翔自幼相识的成濑绘里奈。两个人脸上都带着混合了调皮和骄傲的表情。

"吓了我一跳，没想到爱丽丝这么快就能出来迎接我了。"

蒂贝摸了好几下爱丽丝的头。悠翔和绘里奈对望一眼，摆出胜利的姿势。

"是因为我这个做哥哥的太优秀吧。"

"是因为我这个做姐姐的太优秀吧。"

两个人骄傲地抬着头。

蒂贝笑着耸了耸肩："是是是，你们说得都对。"

蒂贝说了一声"打扰了"，从玄关大门走进家里。两个人一边嚷嚷着"爱丽丝太棒了""很成功呀爱丽丝"，一边结伴朝客厅走去。爱丽丝交替看着他们两个，重复了一遍"您好，蒂贝先生"，然后用两条腿追在三个人后面。她走路还不太稳。

爱丽丝来天泽家的时候是坐在轮椅上的，因为她那时候还不会走路，就像她不会说话一样。一个月前，离开轮椅的她根本没办法自己移动。被抬到客厅里，她就只能躺在地毯上。她又不像婴儿，长长的四肢晃来晃去，让悠翔感到有些害怕。她在地板上挥着手臂扭动身子，动一会儿又停下来，如果是婴儿的话，动作幅度很小而且很可爱，但小学高年级的女孩子不但动作幅度大，而且也很剧烈。另外，做这种事情是她这样的金发美少女，就显得更怪异了。

"说真的，这种事情还是在身体又小又软的婴儿阶段做完才好。"

"爱丽丝不是吗？"

"她的身体长大了，但是心灵刚刚开始成长。不过这么大的身体，做这种乱蹬乱挥的动作也到极限了吧。要是用成年人的身体做这些动作，周围的东西都保不住了。"

"没错。"

说实话，悠翔觉得，就算以爱丽丝现在的身体也非常危险。

"初生婴儿的身体很脆弱，但也很柔软，所以不管怎么用力乱蹬也不会弄伤自己的身体，而且那种柔软性可以吸收冲击。婴儿逐渐具备运动能力，身体也随之结实起来——人类真厉害啊。"

蒂贝平静地眯起眼睛。

"爱丽丝错过了这样的时机呀，为什么呢？"

"哎，为什么呢？现在这对你来说还是个秘密。"

虽然悠翔从第一天就知道了，但在父亲和蒂贝的强迫下开始的与爱丽丝的共同生活，确实隐藏着许多秘密。

爱丽丝最初学会的是爬。她趴在地上，匍匐移动。随后她学会了用四肢行走，也就是支起身子爬。虽然她还不会说话，但是行动范围大了许多，所以她会打碎碗碟、自己跑到大门口，还想爬上楼梯。悠翔整天跟在后面拦她，忙得焦头烂额。不过到了上周，她终于学会了扶着东西站起来，就在几天前，她可以用双腿站立了。

爱丽丝也学了很多词汇。不仅通过悠翔和绘里奈说的话，她还从电视、网络视频传出的声音中学习单词。除了东西的名字，爱丽丝还逐渐学会了打招呼，也开始理解两个人的指示和指导的意图。她还可以把若干单词连在一起，进行简短的对话。虽说她还不能自由地将单词组合成句子，说话也有些结结巴巴的。

"所以这两个月情况怎么样？和爱丽丝在一起生活，没遇到什么麻烦事吧？"

蒂贝坐到餐桌旁边，喝了一口绘里奈倒在杯子里的麦茶，问悠翔。他放下杯子，朝绘里奈说了一声"谢谢"，又说"你真像这家里的人一样"。绘里奈笑嘻嘻地说，"我知道位置嘛，就随手倒了"。

"也没什么麻烦……或者说从头到尾都很麻烦。"

"啊哈哈，这样啊。那，比如说？"

"打碎盘子啊，划破墙纸啊。只要一秒钟没看到就能给你搞点事出来。"

"那真是抱歉。啊对了，顺便说一句，盘子和墙壁的修补费用已经和你父母谈过了，不用担心。"

"还有，我根本没时间好好看视频。"

"这不是很好吗？说起来悠翔啊，你最近视频看得太多了吧？"

绘里奈拧上塑料瓶的盖子，叹了口气，仿佛对他很无语。

"你少插嘴，绘里奈。有什么关系，我又不是不做作业，一直在好好学习。"

"但是你不来上学。"

"那是因为学校——"

说到这里，悠翔闭上了嘴。

知了在客厅的窗外大声合唱。

不能去学校。去了也没意思。被迫和大家保持同样的步调学习，太无聊了。大家都排挤我。我知道这是有人在背后搞鬼。不过就算把那家伙揪出来，也不会改变什么。这些事都太无聊了。

"蒂贝先生，爱丽丝会在悠翔家住到什么时候？"

"唔，住到什么时候呢……现在还没定。你怎么说，悠翔？"

悠翔感觉到蒂贝的视线，心虚地抬起头来。

"哎，这个我说了算吗？我随便啊，住到什么时候都行。"

"哦，一开始很讨厌，现在倒挺宽容嘛。心态变化了？"

"那也不是。唔，她最近不会摔碎盘子，也不会一个劲地去爬楼梯了，更不会突然哇哇大叫起来……就是不怎么惹事了。"

"而且有爱丽丝在，我也会每天来玩。"

"和你没关系。"

"哎，为什么啊？我来和你玩，你很开心的吧？"

"唔，好吧，反正我随便。"

面对冷冰冰的悠翔，绘里奈气得腮帮子都鼓了起来。不过，看到悠翔望向爱丽丝的温柔眼神，她又生不出气了。

"可是悠翔总是要去学校的吧。也不能因为你没去上学，就一直把爱丽丝交给你照顾。"

蒂贝说的理由无可挑剔。

"是呀，悠翔也要上学的。爱丽丝确实很可爱，但也不能一直这样，对吧？爱丽丝也要回家的。"

绘里奈表示赞同。

"学校无所谓的，去了也没用，而且现在不是暑假吗？"

"暑假归暑假，但不是'去了也没用'吧？你看，我每天都去上学，而且大家都很牵挂你。"

"大家是谁？而且每天都能这样和绘里奈见面，不是很好吗？"

"也许吧。"

绘里奈向餐桌旁的蒂贝投去求助般的视线。房间里唯一的社会人士移开目光，挠了挠脸颊：

"我也经常逃学……"

现场唯一的社会人士又说，"说起来，大家都以同样的节奏学习，这根本不可能"。悠翔拼命点头，搞得绘里奈也放弃劝说悠翔去学校了。

"喂，悠翔。还想，要一个。"

爱丽丝坐在地毯上，抬头盯着沙发上的悠翔。她举起一个空塑料瓶。横倒的塑料瓶像砖块一样堆在她面前。

"啊，哦。厨房里有吧，要我去拿吗？"

"好，我去拿。"

爱丽丝站起来，一个人摇摇晃晃走向厨房。

"真厉害，连这个都能记住。"

蒂贝感叹地说。

"什么东西在什么地方，爱丽丝应该差不多都记住了。"

已经在这幢房子里住了一个多月，对她来说，这个家就是整个世界。绘里奈走后，悠翔还会和爱丽丝说很多话。父母回来总是很晚，对悠翔而言，爱丽丝是最亲密的家人。

"好像是，她还学了很多词汇和交流方式。"

"我好像没说过什么很难的词吧？"

"啊，不是那个意思。对我们来说这是下意识的普通对话。"

说到这里，蒂贝把杯子里剩下的麦茶一饮而尽。

"提到'厨房'，我们下意识地知道它是家里的特定场所，但要自然而然地学会这一点，可一点儿都不简单。"

"是哦。光是这半个月，爱丽丝就学会了好多词，记住了各种东西的名字。"

绘里奈的眼睛兴奋地闪闪发光，就像是在炫耀自己出色的妹妹。

"不光是名字。刚才爱丽丝说的是'还想，要一个'。这话可以理解为自己的愿望，也可以理解为请求。不管是哪种，都不仅是把物体的名字和对象关联起来，而且还能引出悠翔的行动或回答。"

"我觉得爱丽丝没有想那么复杂吧？"

悠翔这么一说，蒂贝耸耸肩说："谁知道呢？"

"理论上很复杂的事情，必须在下意识的状态下完成，这是使用和理解语言时的可怕之处。无论如何，像刚才那样的一系列交流，婴儿是做不到的，简单的人工智能也做不到——爱丽丝成长得很好啊。"

蒂贝望着爱丽丝身影消失的厨房方向，眯起眼睛。

看到他的侧脸，悠翔忽然想到一个问题：蒂贝和爱丽丝是什么关系呢？应该不是父女。但这么说来，爱丽丝的父母是什么样的人呢？还有，为什么蒂贝要让爱丽丝寄住在我们家里？

"那个，蒂贝先生——"

悠翔开口轻声低语。他以前问过很多次类似的问题，每次都被搪塞过去。这次一定……悠翔本是如此打算的，但还是没有成功。

因为从厨房里出来的金发少女打断了他的问题。

"悠翔！我拿来了！"

从厨房料理台旁边跑出来的少女，两边腋下各夹着酱油和白醋的塑料瓶。不是大家以为的饮料塑料瓶，而且里面还剩了一些调料。

"哎呀对了！那个也是塑料瓶！"

悠翔慌忙冲过去，绘里奈也冲着爱丽丝哇哇大叫着跑过去。

悠翔想象出了酱油洒到地毯上的悲惨未来，同时重新认识到爱丽丝依然充满了"危险"。

解说　移动和场所的学习

幼儿很快就能行走

爱丽丝依靠自己的双腿行走并出去迎接来访的蒂贝博士，还问候他"您好，蒂贝先生"。了不起的成长。而大部分人类的孩子，也都能实现这样的成长。

在学习身体动作时，我们会遇到各种各样的困难。按照自己的想法挪动身体，普普通通地用双腿步行，坐下站起、开门关门，完成这些动作绝非易事。

在对比人类和动物的智能时，要点常常放在语言交流、做出某种计划或计算等"智慧"的事情上。历史上很长一段时间里，人类在探索人类的智能时把动物当作比较的对象。关注动物和人类之间的智力差异是自然而然的，但是计算机和人工智能的发展，给了我们完全不同的比较对象。

有个词叫"莫拉维克悖论（Moravec's Paradox）"。1980年代，汉斯·莫拉维克（Hans Moravec）提出一个悖论：对于人工智能而言，让它具有一岁孩子的运动能力远比让它回答智力测试问题或者玩智力游戏困难。

基于计算机的人工智能更擅长逻辑推理，但不擅长像动物或者人类的孩子那样行动并在这个世界上坚强地活下去。人工智能要进入现实世界非常艰难，这让我们逐渐意识到，原本被认为是并不高级的、无意识的、感官性的——在某种意义上说，如同动物般的智能，可能才是"高级的"。

当然，机器人的身体运动领域也有进步。2000年，本田公司公布的机器人ASIMO，采用了双腿步行的移动方式，展示出在人类生活环境中进行服务的样子。不过，那种行动姿态和人类步行还相差甚远。波士顿动力公司在2005年公布的Big Dog是模仿四足动物的机器人，它在坡道和台阶上的奔跑能力非常出色，越野能力和行动的自然度都令人瞩目。演示中，有研究人员把Big Dog踢飞出去的场景，但机器人还是保持了平衡，这种顽强令许多人印象深刻。不久，它发展成双腿步行的Atlas。Atlas用双腿步行的方式展示了跳跃和移动。这些技术的发展令人眼花缭乱。

人类的婴儿从贴在地上爬到撑起身子爬，再到用双腿直立行走，实现了发展性的运动学习，故事中的爱丽丝便完成了这样的发展学习。而这样的身体运动学习，对于现在的人工智能和机器人来说依然很难。

人工智能玩儿电子游戏或解决复杂问题，与人工智能学习运动的本质差异在哪里？在此介绍两个观点。

身体本身就是"智能"

第一点，"运动不是在大脑或计算机中计划出来的东西，而是通过身体与环境的相互作用产生的"。

一般认为，人工智能的研究始于1956年的达特茅斯会议，而1970年代和1980年代的研究，比今天更偏重逻辑思维和计算。相关研究成果虽然颇丰，但涉及可以在现实世界中行动的机器人却没有产生什么显著成果。机器人需要认识环境、制订合适的行动计划再能行动，动作过程非常缓慢。全盘观察世界、制订周密计划再采取行动的机器人在这些过程中需要大量运算时间。可运算中环境又会发生变化，比如有人穿过走廊，有风吹过草丛，自己的身体从坡道上滚落下来，等等。其间，机器人的"头脑"完全处于停止状态，因而在现实环境中毫无用处。

对此，罗德尼·布鲁克斯（Rodney Brooks）提出了包容式架构的概念。这种概念抛弃了由"头脑"全面理解环境并制订适当计划的想法，转而采用多个分散的实时刺激反应系统来处理身体运动。

例如，摸到滚烫的东西时，我们会大叫一声赶紧放开手，但这时候的运动决策并不是由大脑做出的。有一个术语叫脊髓反射，它的意思是说，脊髓这种大脑神经系统的末端部分，承担了各种各样的反射性行为。

反过来说，我们自己又有多少运动是有意识、有计划执行的呢？实际上，许多动作都是动物性的刺激反射，是基于习惯的自发行为。

布鲁克斯采用包容式架构制作了名为 Genghis 的六足步行小型机器人，它通过摆动六条腿来行走。Genghis 并没有在"大脑"中构建环境模型，也没有准确的行动计划，但它行走得非常自然，也能努力爬上书本堆成的台阶。Genghis 没有计算六条腿的轨道，而是以"不做任何思考"的方式，把行动委托给身体和环境的相互作用实现行走。

被动步行机器人更为明显地展示出运动诞生于身体和环境的相互作用。把躯体经过精心设计的机器人放在平坦的坡道上，它便开始用双腿步行，就像从坡道上滚落一样自然。被重力牵引的右侧前腿接触地面的同时，左腿便会弹起。按顺序重复变换接地腿和悬空腿的运动，身体就可以走下坡道①，这样的现象即"被动步行"。

即使没有计算机进行运算处理，只要有一个精心设计的躯体，机器人也能实现步行行为。被动步行机器人是展现环境与身体的相互作用引发行为的绝佳案例。

在这个意义上说，身体本身就是智能的，而身体所做的运算也可以称为"基于形态的运算"。例如，我们在抓香蕉时，并不是先缜密地计划好手指的角度再采取行动。我们并没有精密地理解香蕉的形状，而是合上手，手指接触并施加适当的力量拿起香蕉。这种情境下，如果手指和手掌是不锈钢制成的坚硬光滑的假手，实现上述操作毫无疑问是极其困难的。此外，摩擦系数太小的手掌导致香蕉滑落的可能性很高，具有弹性的柔软手指便需要稍微向内弯曲，动作不是随香蕉的形状发生变化，而是随指尖的动作而发生变化，并将之转换成类似弹簧的力。此外，指尖上分布的指纹还会增加摩擦系数，提供更高的摩擦力，五根手指包裹住香蕉表面，最终形成握住香蕉的手掌形状。

各种运动都是身体和环境相互作用的结果，再先进的计算机也无法预测运动。在现实世界中，我们应当灵活运用身体本身具

---

① 也有依据相同原理制作的简单木制玩具出售。

有的智能，而非计算机的智能。

柔软的重要性

第二点，"为了学习身体运动，机器人必须在现实世界中积累使用自己身体的经验"。从机器学习的角度说，就是必须搜集在现实世界里运动的学习样本。

围棋和电子游戏可以在计算机内部构建完成模型，因而可以相对便利地执行成千上万次，积累较多的学习数据。但在现实世界里的试错，会产生各种各样的问题。

例如，爱丽丝为了试错，在第2话里打碎了盘子。但就算是为了发展学习，也不可能打碎几万个盘子。此外，幼儿在练习移动或步行中，摔跤或者撞到头的情况经常会出现，每次发生父母都会吓得赶紧跑过来。现实世界里的运动学习是有风险的。

这个问题在机器人身上表现得更为明显。如果让机器人进行这样的试错，要么是机体会很快坏掉，要么是物体、墙壁、地板被机器人撞坏。迄今为止，大部分机器人都是又沉重又脆弱的。

由此想来，婴儿身体的"柔软"便很值得关注。成人认为婴儿的肌肤软绵绵的"很可爱"，而这种柔软可能正是他们"智慧"的根源。正因为这样的轻盈和柔软，才避免了运动失败成为严重的事故。

有一个研究领域叫"柔性机器人"，这种机器人和很多机器人与机器不同，其基础不是金属质地的坚硬机体，而是用更为柔软的材料制作而成。此外，其动力也不是来自马达，而是采用了气压驱动或人工肌肉之类更像生物的组件。

身体柔软带来的好处之一，正如上文解释机器人抓取香蕉的例子，是可以进行基于形态的运算。此外，有了既柔软又强健的躯体，智能便可以进行更为丰富的试错。柔性机器人在正处于发展阶段的身体运动学习领域非常重要，没有它，要开发出由好奇心驱动的自主智能，无异于空中楼阁。

理解"场所"的概念

爱丽丝理解"厨房"这一场所，还会去拿塑料瓶。

从发展的角度看，这些看似微不足道的小事，也是关于语言理论的重要进步。第 2 话的解说中谈到了物体的概念，而我们必须了解的不仅是可触摸的物体的概念，类似场所的抽象概念也很重要。

"场所"是什么样的概念？前文阐述过物体的概念是由广义上的多模态信息支持的,而这样的观点并不局限于物体。对于"厨房"之类的场所，是否也可以开展同样的讨论呢？

提到"厨房"，我们能下意识地想起家中的特定场所。这个概念与厨房的外观、在家中的位置、里面放了什么东西以及"做饭的场所"等该场所的功能联系在一起。

而对于机器人来说，要知道自己"在哪里"，其实并不简单。在这里，我想一方面介绍有什么方法能让机器人理解自己的位置，另一方面解释基于多模态信息获取"场所"概念的方法。

在现实世界中行动的机器人并不一定能像游戏中的角色一样，获得"上帝视角"①的地图和自己的位置坐标。地图和位置都需要机器人经过学习和推测来获取，当然，人类也是如此。所以在陌生城市旅游的时候，我们很容易迷路。

人通过自己看到的东西、摸到的东西还有历史行动轨迹来掌握自己的位置。此外，通过四处走动、了解物体的空间配置，描绘出自己行动空间的全景图。像这样的任务，被称为即时定位与地图构建，是移动机器人和自动驾驶汽车开发的基础技术，一般被称为 SLAM②。

地图构建（估算地图）和估算自我位置的关系就像是先有鸡

---

① 即第三人称视角，以俯瞰的形式观察世界。——编注
② 即"即时定位与地图构建"的英文 Simultaneous Localization And Mapping 的缩写。——编注

还是先有蛋，想要估算自己处于地图上的哪个点（个人坐标）时自然需要地图，而如果要绘制当前看到的东西制成地图，又必须知道自己的位置。为了解决这个问题，在 SLAM 中，会交替更新地图和个人坐标。现在，许多实现商业化的扫地机器人便是搭载了 SLAM。

一般而言，SLAM 估算的是二维或三维空间的坐标，或是带有机器人方向角度（姿势角度）的角度信息。但那些都是空间上的数值坐标，而不是"厨房""大门"之类的场所坐标。这里所说的场所，是我们居住的空间中具有同一性意义的整体。我们说到"去厨房"的时候，不是说要去某个特定的坐标，只要是在"厨房"这个词所代表的空间范围内，不管走到哪个位置，都算是抵达了"厨房"。

因此，前文提到的谷口彰等人开发了一种方法，通过整合位置坐标、视觉、声音、对话等信息，让机器人形成多模态式场所概念。[14] 它将通过视觉、听觉、触觉等信息整合形成多模态式物体概念的方法，扩展到了场所概念的形成上。

通过多模态式场所概念的形成，机器人不仅可以学到该位置所处的整体空间，还可以从位置和图像中回忆起它的名字，或者从名字推断出该名字所指向的位置和图像。此外，甚至还可以通过演算，"回忆"起前往该场所的路径。[15] 和多模态式物体概念一样，各类事情都可以通过跨模态推理实现。

爱丽丝肯定是通过形成"厨房"的多模态式场所概念，才能去拿塑料瓶的吧。

面向真正的语言运用

本章的爱丽丝，已经理解了物体和场所的名字。这是非常重大的成长，但也只是本章中展现出的爱丽丝语言理解成长的一部分而已。毕竟在语言理解中，词汇的含义不仅是"名称和指代物"的对应关系。

爱丽丝对悠翔说，"还想，要一个"。这句话可以理解为愿望，也可以理解为请求。不管是哪种，都不仅关联起了物体的名称和指代物，还能引出悠翔的行动或回答。根据情境选择语言的表现形式，或者根据与对方的关系灵活运用语言，对于现代的人工智能来说是极其困难的，区分不同情景下应采取的表现并与人类自然交流的机器人，笔者还没有见到过，能够以发展性学习做到这一点的机器人更不存在。

我们靠直觉理解词汇。除非你是研究语言的专业人士，否则不会注意到词汇含义的多样性。

在解释"词汇的含义"时，我们倾向于认为词汇和其指示对象之间有着具体的关系，就像说到"这是苹果"的时候。但是，我们日常对话中所用的词汇，通常没有那么明确。要回答"这个词是什么意思"，其实并不简单。

记住词汇不仅要记住物品的名字，还包括掌握请求他人、向他人提问等行为中各种词汇的使用方法。如果只是知道有人说了话，却不知道那是对自己的"行动要求"，还是单纯的"回答"，或者是"打招呼"，那也不可能理解词汇的含义。对他人说的话，不仅是描述某种事物，也是试图对他人产生某种作用的行为。这被称为"语言行为"，即"通过说某种话来做某种事"。

"喂，悠翔。还想，要一个。"
爱丽丝坐在地毯上，（中略）举起一个空塑料瓶。（中略）
"——啊，哦。厨房里有吧，要我去拿吗？"
"好，我去拿。"

爱丽丝先以自己为起点，向悠翔表达愿望。但她的表达方式不是直接要求对方做出"请去拿塑料瓶"的行为，而是通过说明自己的需要作为代替。只看上述语言的表层，爱丽丝显得有些口齿不清，语法也不完备，但这场交流还是非常自然的。此外，关于"想要什么"的问题，不是通过语言信息，而是通过给出塑料瓶这一具体事物，也就是通过向他人提供多模态信息来补足。

　　悠翔给出了"厨房里可能会有"的可能性，并通过"要我去拿吗"的问题表达了自己去拿的意思。对此，爱丽丝回答说，"好，我去拿"，自己去了厨房。记住词汇和记住词汇的使用方式虽然相互关联，但也有必要将它们视为不同的问题。至少就词典的意义而言，或者在物体概念和场所概念这样的感知性意义上，仅仅学习"词汇的含义"还远远不够。这些问题在语言学中属于语用学范畴，笔者还没见到过能够很好地表现它，或者能装载到机器人上的算法。在我们无意识进行的词汇使用中，还存在着许多棘手的问题。

第 5 话

前往街市者

开着空调的便利店里，神崎飒太正要伸手去拿架子上的薯片筒。这时，一只冰冷的手触到了他的手背。

"啊，对不起。"

飒太回头一看，只见那边站着一位金色头发的少女。明明是夏天，肌肤却白皙通透，像是城堡里的某位深闺公主。

暑假临近的假日午后，飒太去自家附近的商店里买迟到的午餐。

父亲今天也出门工作了。他父亲是自由职业者，旁人上班的时候他会在家里闲逛，旁人休息的时候他却会出门工作。飒太期望父亲能找份更正经一点的工作，但父亲好像做不到。

小学低年级的时候，父亲是令飒太自豪的存在。作为风靡一时的新闻工作者，父亲经常出现在电视上。他是调查记者，曾经在座谈会上介绍过当时兴起的新 AI 技术，那是飒太向往的父亲形象。但是到了今天，他成了什么工作都接的撰稿人，也不再上电视了。看到父亲因为报道别人的不幸而欣喜的样子，飒太有种无奈的伤心。

公休日的下午，面朝大路的便利店冷气很足，十分凉爽。

"没关系，你先。"

"……我先？"

年纪好像比自己小一两岁，肯定是外国人又很可爱的女孩子，学校里没有这样的女生。她懂日语吗？飒太一边想着，一边缩回手。和陌生的少女说话，他有点不好意思。

"你是要买这个吧？你先拿吧。里面还有呢。"

"——我拿？"

"嗯。拿吧。"

有点奇怪。一般来说，应该马上从架子上拿起薯片，说声"谢谢"就走了。但是少女好像有点迷惑地停下了动作。

"你看，里面不是还有吗？"

飒太从架子上拿起红色的薯片筒，递给少女。那个女孩子接过来，抬头看着飒太，一脸不解。不知道她能不能听得懂。

过了一会儿，少女一言不发地转过身，快速走向收银台的方向。奇怪的家伙，飒太想。

不过他也没感觉不快，反而觉得自己能对女孩子表示亲切还是挺好的。在学校里如果对女孩子好一点，就会生出奇怪的传闻，或者被冷漠对待，不过在这样的地方应该没关系吧。虽然他也不是很在意女孩子。

"悠翔，买这个！"

就在这时，他听到过道尽头传来一个声音，便不禁回头去看。那是刚才那位少女的声音，而飒太感觉她喊的名字很耳熟。

"哎？哦，好呀。你自己拿的吗，爱丽丝？"

"不是的，是他拿给我的。"

站在收银台前接过薯片筒的少年抬起头。

飒太清楚地知道他是谁，他下意识地绷紧了身子。

他好像也认出了自己，那个少年喊出了飒太的名字。

* * *

"应该可以带她出门了吧？"

周五傍晚，蒂贝提出了这个建议。那是在天泽家的客厅里，大家正吃着薯片。

"没问题吗？能把爱丽丝带出去吗？"

"没问题啊，去吧，出门去吧！"

悠翔一脸惊讶，旁边的绘里奈倒是兴致勃勃。

"没有理由禁止爱丽丝出门呀。一般小宝宝只要能站起来自己走路，也会被带去'公园亮相'[①]的吧？"

"可爱丽丝不是一般的小宝宝啊。"

"悠翔你太能担心了！爱丽丝也想去外面吧？"

绘里奈歪过头，像是在观察并排坐在沙发上的爱丽丝脸上的表情。爱丽丝正目不转睛地看着前方的电视，她慢慢转头朝向绘里奈的方向，视线交汇在一起。

"——想去——外面。"

"你看！"

绘里奈得意扬扬。

悠翔叹了一口气："爱丽丝只是在重复你的话吧？"

"哇！悠翔你太过分了！怎么可能嘛，爱丽丝，嗯——？！"

"——嗯——？！"

爱丽丝经常像这样模仿绘里奈的话语和动作，很令人怀疑她是不是真的理解了每句话和动作的含义。

"知道啦。不过，真的没问题吗？蒂贝先生，爱丽丝虽然能走路了，但是还走不稳，而且她身体好像有点虚弱吧，皮肤那么白。"

从沙发上抬头看桌子的方向，只见蒂贝正把摊在桌上的薯片大口大口往嘴里送。

....

① 在日本社会中，通常指母亲第一次将孩子带去公园并和街坊邻里进行交流的行为。——编注

"唔？啊，抱歉，午饭没吃饱肚子有点饿。哦哦，爱丽丝的身体啊。嗯，没事的。她又没病。出门没什么问题。她在这幢房子里学了不少东西，也是时候接触外面的世界学些新东西了。"

蒂贝露出成年人的笑容。

"是吗？既然蒂贝先生这么说，那大概就是吧。"

"啊……难道是悠翔你自己不想出去？因为一直没去上学，所以害怕外出？怕出门遇到老师同学，不知道怎么办？"

"不是的啦！"

悠翔下意识地大喊起来。坐在沙发中央的绘里奈，吃惊地弓起身子抱住爱丽丝，爱丽丝疑惑地歪过头。

虽然矢口否认，但说不定正说中了悠翔的心事。蒂贝露出尴尬的笑容，打了声哈哈，继续说下去。

"比如说，简单买点东西怎么样？不是有个关注孩子成长的电视节目嘛，叫'第一次的跑腿'来着？会去超市啊去便利店啊。

"哎？那对现在的爱丽丝还是很难吧？她能在家里帮我拿东西，但是还不能去外面店里挑选商品，把钱交给不认识的人去结账吧？"

"是啊。不过，悠翔你能行吧？'购物'？"

"这——行是行……"

绘里奈从旁边刺来的视线很痛。自己行是行，但并不擅长，

第 5 话　前往街市者　　**109**

悠翔很怕和不认识的大人说话。如果只是走进商店，把商品拿到收银台去，应该还是可以的。

"那就好。悠翔你来教教爱丽丝好吗？怎么购物。"

"……好的。不过大街上的便利店有点距离，我可以骑自行车，但是爱丽丝不行，而且她走路还有点困难。"

"啊，这个不用担心，我来开车。我星期天刚好有空，会到家门口来接你们，然后送你们到便利店附近的地方。要是直接送到便利店门口，那就没有'第一次的跑腿'的感觉了，把你们放到稍微远一点儿的地方吧。"

面对蒂贝自告奋勇的提议，悠翔只有点头说："那好吧。"

*   *   *

星期天是个典型的盛夏之日，蓝天上万里无云。虽然看起来很适合出门，但一走到没空调的地方，脖子往下的皮肤就会喷出汗水，让人恨不得逃回家去。悠翔看看自己身侧，爱丽丝一脸平静。

"我在这里等，请你们两位去'第一次的跑腿'吧。"

蒂贝打开副驾驶的车窗，从驾驶座上侧着身子探出头来，脸上挂着不明所以的笑容。

"那我们走了。走吧，爱丽丝。"

悠翔朝走路还不稳的爱丽丝伸出手，爱丽丝用白皙的手回握住。不过，比起刚见面时候接触的，爱丽丝现在的手要稳定得多。

"走吧，悠翔。"

蒂贝在驾驶座上望着两个人手牵手走出去的身影。

"很理想啊，与少年牵手踏入人类社会的少女。那么，爱丽丝……你们今后还会学到什么呢？"

那是研究者的自言自语。

便利店的自动门开了，店里的冷气漏了出来。走进店里的爱丽丝，惊讶地环顾四周按种类井然有序排列着的商品。

"这里，便利店？东西，很多。"

"是的。我还有点零花钱，你随便挑自己喜欢的零食吧。"

悠翔牵着爱丽丝的手走进店里。有那么一刹那，他想过如果被熟人看见该怎么解释。不过悠翔抛开了这个担心，认为他们不会遇到什么人。

"悠翔，买，什么？"

"是啊，难得出来一趟，喝杯拿铁怎么样？"

悠翔最喜欢的甜味冰咖啡在家里做不了，虽然他可以泡一杯速溶咖啡放到冰箱里冷藏，但是不好喝。便利店的东西又便宜又美味。

"在哪里？我去拿。"

"拿铁不是放在架子上的。店员头顶上有个菜单看到了吗？"

"菜单？"

悠翔用手指着便利店咖啡的菜单，上面写着饮品和价格。

"从那里面点。"

爱丽丝很奇怪。

"但是，那个，文字。没有，饮料呀？"

"嗯。它和架子上放的商品不一样，点了之后会给你做。"

"哎，不明白。"

"唔，好吧，算了。爱丽丝你去看看架子吧，上面放了很多东西。随便挑些你觉得好吃的零食，我们应该都能买得起。"

"好的。"

爱丽丝在家里见过各种各样的零食，从架子上选一些出来应该不成问题，悠翔想。

悠翔则在收银台前面排队，等待轮到自己。排到以后，店员朝他问候了一声"欢迎光临"。

"那个，请帮我做一杯冰拿铁！"

自己必须赶在爱丽丝前面买一样东西才行。虽然并不是"哥哥"，但在悠翔心里，总觉得自己必须成为爱丽丝的榜样。

收银员阿姨微笑着说："好的，一杯拿铁。"

"悠翔，买这个！"

在等拿铁的时候，爱丽丝跑了过来。她递过来的是红色圆筒装的薯片。父母经常买，家里也很常见，前天蒂贝一个人几乎全吃光了。悠翔想，"总是吃薯片不腻吗？"不过爱丽丝可能也不知道其他的零食。他本想推荐别的零食，不过还是放弃了。毕竟这是爱丽丝第一次选的零食。

"哎？哦，好呀。你自己拿的吗，爱丽丝？"

"不是的，是他拿给我的。"

爱丽丝回过头，伸手去指。悠翔循着那个方向望去，清清楚楚地看到了站在零食架子中间的少年。穿着灰色 T 恤和短裤，和自己差不多年纪的少年的身影。

"神崎飒太……"

"……天泽悠翔。"

他也认出了悠翔，瞪大了眼睛。

解说　社会中的语言获得与语意理解

从"第一次的跑腿"设想服务机器人

　　婴儿多是养在家中，不过在婴儿成长到一定程度后，就会被带到室外，也就是最近流行的"公园亮相"。那是幼儿在室外环境玩耍的起点，也是幼儿首次进入社交场合，见到不同家庭中成长的孩子开始融入社会的起点。

　　即使在物理意义上，室外环境也与室内不同。和具备各种生存条件的狭小室内不一样，室外的环境条件更为野蛮。视觉信息受日照条件左右，早中晚的色调各不相同，夜里更是什么都看不见。在绘制广域空间的地图时，距离传感器并不会像在室内那样返回规则而准确的数据，户外的地面也凹凸不平、难以移动。同时，走上街头也意味着进入社会环境。爱丽丝跳过"公园亮相"的环节，最初挑战的就是"第一次的跑腿"。

在家里，物体的种类是有限的，场所的种类也是有限的。走上街头来到便利店，会接触到的信息要比在家多得多。在便利店这类生活环境中为人类提供服务的机器人，叫作"服务机器人"。清扫宽敞的房间、充当餐厅服务生、做酒店的向导，等等，都是服务机器人的工作。这个称呼和工厂环境中活跃的"工业机器人"形成鲜明对照。

　　工厂环境中用于自动化流水线的工业机器人，通常不需要和人交互，只要按照预定的动作反复执行即可。正所谓"同样的轨道、同样的时间"。与之相对，服务机器人的设计前提是与人交互。而人类的居住环境和井然有序的工厂不一样，充满了不确定性。

　　爱丽丝要从便利店的货架上拿零食。如果是工厂，物品一定是井然有序地排列在预定的位置上。但在有人类活动的环境中，显然不可能排列得那么整齐。另外，工业机器人预先确定了自己需要抓取的物体，大部分情况下物品会放置在确定的位置，机器人处理确定的种类。然而在便利店里，我们时而弯腰、时而走近，从各种商品中选出对象物，抓住拿出。单这一点，对机器人来说就是艰巨的任务。

　　服务机器人需要考虑到和人类的交互。故事中的飒太在没注意的情况下碰到了爱丽丝的手，由此开始，爱丽丝和飒太之间进入了由谁拿取薯片的调整状态。最终飒太做出了让步，在此之前，爱丽丝没能很好地应对这个情况。

如果把这种交互视为服务机器人和人类之间的相互作用，人们通常会认为应当由机器人做出让步。不过，社会中的行动调整，未必是单纯的二选一。即便服务机器人做不到像飒太那样，但只要能比爱丽丝更好地调整相互的行动即可。在这样的调整中，非语言性的交流也是重要因素。

从"句法"关系定义意义

商店也许是孩子接触社会和经济的最前线。

井然有序的货架上，摆满了各种孩子们未曾见过的商品。待出售的商品放在货架上，想买的东西需要拿到收银台付款，这些都是社会规则的缩影。在这里，孩子将会第一次发现金钱的神奇和意义。

让我们来谈谈语言的（符号的）知识。社会是基于语言交流而形成的，因而在社会行动中，语言或者更为广义的符号随处发挥着根本性的作用。如果没有语言，那我们将无法维持商店运转，无法维持社会运转，甚至无法维持文明。而参与到人类社会中的服务机器人，也必须理解语言。

在故事中，爱丽丝始终是迷惑不解的。虽然她看到了菜单，但那上面并没有商品，只排列着文字序列。悠翔说，它和架子上放的商品不一样，点了之后店员会给自己做。即使听了这个解释，爱丽丝也不能理解。大概只有实际点一次拿铁，她才能从经验中理解菜单和商品的关系。

爱丽丝学会了物体和场所的概念。她学习的方式是：面前放着自己可以体验的东西，把它和与之相关的多模态信息关联，由此理解词汇的意义。在本章之前，她都是基于自己的感知信息来寻求词汇意义的源泉，即使没有对应的经验，词汇的关系性中也会存在词汇意义的源泉。

例如，如果你听到有人说，"拿铁是一种饮品"，那么只要你能在某种程度上理解"是"这个词的意思，就能明白"拿铁"是一种"饮品"。

"A 是 B"的关系叫作"is-a 关系"，在数学的集合论中，它是以"A 包含在 B 中"的关系性来表现的逻辑关系。此外，还有表示"A 具有 B"的"has-a 关系"等，词和词之间可以定义为各种各样的关系。有些看法认为，以这样的逻辑关系为轴，可以通过词汇的相对关系定义词汇的意义。因为意义来自词和词的关系，所以由此得到的意义又被称为"句法的意义"。

但是，还不能充分理解自然语言的幼儿，能够理解"A 是 B"

的逻辑关系吗？这是个合理的疑问。不过，像这样的逻辑关系，潜在又广泛地包含在词汇排列的构造中。

分布含义假说——隐藏在单词排列中的含义

例如，对比"爱丽丝买薯片"和"我买拿铁"这两个语句，"爱丽丝"和"我"在语句中处于同样的位置，因而可以推断"爱丽丝"和"我"在语句中具有相似的作用。实际上，这些都是表示人物的词。虽然从语法上说，"爱丽丝"是固有名词，而"我"是人称代词，但应该很容易理解它们具有意义上的相近关系。"薯片"和"拿铁"也一样。虽然有食物和饮品的区别，但都是能在便利店里"购买"的东西，都是食品。

像这样，在语句中处于特定位置的、可以相互替代的词语关系，被称为"范式"；连接词和词的结合规则，被称为"句法"。由单词组合而成的语句，潜在性地具有这样的结构。因此，即使没有"A 是 B"这样的明确指定的逻辑关系，只要听到或者读到大量的语句，我们也可以大致推测出词汇的含义。

这种观点叫作"分布含义假说"。因为词汇的含义隐藏在词汇的排列顺序中，所以在某种程度上可以从统计信息中发现词汇的含义。近年的人工智能研究中，托马斯·米科洛夫（Tomas

Mikolov）等人制作的 "word2vec" 让这一点广为人知[16]。米科洛夫等人用大量的文本数据训练了一个简单的神经网络，让它从某个单词预测周围的单词。他们发现，语义的相似性可以用神经网络内部形成的向量来表示[1]。

"word2vec" 还成功提取出了词和词之间的文法及含义上的关系性。例如，在其向量空间中，成功表现出 "France（法国）" 和 "Paris（巴黎）" 的关系等同于 "England（英国）" 和 "London（伦敦）"，"slow（慢）" 和 "slower（更慢）" 的关系等同于 "fast（快）" 和 "faster（更快）" 的关系[2]。

像这样通过词和词的关系来记住词汇含义的活动，在我们的社会中非常普遍。例如，在学校里学习历史或者地理的时候，老师会用语言教授给学生未曾见过的历史人物或者未曾去过的地方，让我们记住它们和词汇之间的关系，并通过测试来确认。

观察这样的活动会让我们再次意识到，对我们的社会而言，人们普遍认为 "理解词汇的关系性" 或 "理解词汇的含义" 便是有知识。

....

① 范式关系中的词汇，可以预测出同样的周边词汇。而周边词汇的排列顺序，表现了该词汇的句法关系。

② word2vec 之后，又出现了 GloVe、fastText 等各种单词嵌入方法，进而发展成 ELMo、BERT 之类将整个句子的含义嵌入潜在向量的方法。

使用数据库式知识的机器人

"拿铁不是放在架子上的。店员头顶上有个菜单看到了吗？"

"菜单？"

"从那里面点。"

"但是，那个，文字。没有，饮料呀？"

爱丽丝无法将菜单上写的"拿铁"和基于自身感知经验的拿铁概念对应在一起，更无法将其和订购这一行为联系起来。

现在的信息系统背后都有数据库依托。饮品的菜单是一个包含了名称、价格和具体商品信息的数据库。店员使用的收银机连接着 POS（Point Of Sales，销售点信息管理）系统，其背后还有规模更加巨大的商品数据库。如果服务机器人进入便利店，人们自然会期待它们运用这些数据库知识。这些知识类似于含义网络，是与基于词汇关系性的句法式含义。

作为信息系统的人工智能，可以利用数据库中记录的知识回应用户。例如，当智能音箱被问到"拿铁是什么？"的时候，便可以从数据库中提取相应的说明。

这样的知识和其利用方法，有着对应规则的应答配套。一方面，这些知识可以应对"什么是什么"的固定形式的询问；另一方面，提问形式稍有偏离，它就无法应答了。

另外，只理解词汇关系性的计算机，即使知道"薯片"和"拿铁"是相似的词，也不能基于自身经验的关系性来理解它们各有什么味道、外观是什么样子、怎样食用。智能音箱不可能喝"拿铁"。

人类可以参照自身的感知经验，理解这样的符号性知识，而不局限在其关系性上。另外，人也可以基于自己学习的语法和语用[①]，灵活应用这些符号性知识。将这种数据库式的（符号和句法式的）知识，与基于自身经验的感知性知识相融合，也是人工智能和机器人学领域的挑战。

---

① 可以简单理解为语言的理解和运用。——编注

第6话

苦恼者

"成濑，一起回家吗？"

"啊，神崎。可以呀，我今天一个人。"

少女漫不经心的回答，让飒太在心中暗道了一声好。那是周一放学后，平时一起回家的同学还在，飒太说了一声"今天我自己回去，抱歉啦"，很快就受到了各种冷嘲热讽。"哟，和成濑走呀？""加油哦。"飒太回答说"你们闭嘴"，背上书包快步走向成濑绘里奈的座位。

"久等了，走吗？"

"嗯，走吧！"

飒太和绘里奈一起离开了教室。

*　　　*　　　*

昨天，他在便利店看到了天泽悠翔。

天泽悠翔和成濑绘里奈自幼相识，关系很好，甚至会被人讥笑说"你们是不是在谈恋爱啊"。飒太想把他们两个拆开，所以在五年级的时候，想办法在班级里孤立了悠翔。果然和他计划好的一样，到了六年级，悠翔就不来学校了。一个学期马上就要结束了，他觉得悠翔整个学期都不会来学校了吧。他想趁天泽不在学校的时候把绘里奈拉进自己的圈子，和她成为好朋友。

　　大概是五月初的事，绘里奈一放学就早早离开了学校。飒太暗想不会是那个吧，结果果然是那个——她差不多每天都会去悠翔家。飒太觉得自己低估了他们俩的关系。不过绘里奈自己却说，"不是两个人单独在一起"，还有个亲戚家的小宝宝。肯定是天泽一个人照顾不过来，所以自幼相识的成濑去给他帮忙吧。

　　这么说来，天泽的父母都在工作。飒太想起来了，天泽悠翔的父母是研究者，特别是他父亲，是著名的 AI 研究者。

　　对飒太而言，自己和 AI 也算是有缘的。AI 让自己的父亲出名，但也是 AI 抢了父亲的工作。从某种意义上说，飒太憎恨 AI。然后，对他而言，悠翔某种程度上正是 AI 的象征。

　　"你今天也要去天泽家吗？"

　　果然还是很介意。两个人一起走在放学回家的路上，昨天阳光普照的灿烂天空，今天却被厚厚的云层遮住了太阳，有种梅雨季节特有的模样。可能会下雨。

"嗯，我正在想要不要去。"

"为什么每天都去他家啊？"

"为什么呢……是因为不放心？或者是因为我想去玩？"

说着，绘里奈哈哈笑了。成濑果然喜欢天泽，飒太想。不知道天泽有没有这样的心思，但是某个 YouTube 视频制作者说过，女孩子就是会比男孩子更早想到这些事。

天泽肯定没意识到成濑的心情，他把这份厚意视为理所当然。在飒太看来，那甚至是一种傲慢。昨天那家伙居然还和另一个女孩子在一起，金色头发的美少女看起来跟他关系非常好。

"对了，成濑。天泽在学校外面有喜欢的女生吗？"

"什么意思？"

信号灯前。成濑绘里奈在闪烁的绿色信号灯停下脚步，飒太也随之停下来。她皱起眉头，眼睛微微瞪起。

"哎呀，就是字面意思。"

"没有吧？悠翔宅得要死，应该不会在外面认识什么人。"

但是我看到了，飒太想起昨天在便利店看到的景象。

相触的白皙手掌。美丽的金发少女。她还依偎在天泽悠翔身边。

"你怎么突然问这个，神崎？"

"昨天，我看到他和一个金发女生两个人在便利店。手牵着手。"

少女顿时皱起眉头，但是紧张马上就消除了。少女扑哧笑了起来。啊哈哈哈，她放声大笑。

"神崎，那个女生可不是的。她是爱丽丝，我也认识。"

"爱丽丝？外国人？"

这么说来，拿薯片的时候好像确实语言不通。

"唔，这个怎么说呢……我也不太清楚……"

"什么呀，成濑也不知道？那你怎么说不是？"

"唔，怎么说呢，不知道。"

说着，绘里奈抬头看了看信号灯，红灯里的绅士图案双臂张开静止不动。很快信号灯变成了绿色，绅士在绿光中走了起来。两个人也跟着走起来。

"对了，今天你也来天泽家吧？说不定这样你就明白了。"

走在人行横道白线上的少女，双手背在身后回过头说。

"没关系，我今天刚好有点事，就不打扰青梅竹马的两位了。"

"哎，什么呀？一点也不打扰呀……不过你有事也没办法，那下次有机会来吧。"

"好。"

其实没有事。回到家肯定还是一个人。

"那我就先回去了。"

抬头一看，两个人已经来到绘里奈的家门前了。

"啊……哦哦。"

推开院门，绘里奈走向自家房子的大门。飒太朝着她的背影喊："我说！"

"嗯？什么？神崎？"

"成濑……你喜欢天泽吗？"

完了，说漏嘴了，飒太想。太直接了。

"为什么问这个？"

绘里奈像是吃了一惊，但同时还是非常冷静地反问。

"啊，不，没什么，对不起……"

头脑一片混乱。但是飒太印象中有个 YouTube 视频制作者说过，这种时候最好说出真实的想法。

"——因为我……我喜欢成濑。"

天阴沉沉的。一滴雨点落在飒太的脸颊上。

惊讶在绘里奈的脸上铺开，然后她困窘地皱起眉头。

"谢谢你。不过太突然了，我不知道怎么说才好。"

"啊，不，我也很抱歉……不用急着回答。"

"嗯……那明天见啦，神崎。"

"啊……哦哦，明天见。"

飒太抬起头，只见少女背过身去，打开大门，消失在家中。

那时看到的侧脸，在飒太看来总觉得很寂寞的样子。雨点也落在她的脸颊上。

肯定是因为那个名叫爱丽丝的少女，飒太下意识地认为。那个爱丽丝插进天泽悠翔和成濑绘里奈之间，伤害了成濑。

飒太对此深信不疑，他将愤怒的矛头指向天泽悠翔。

在成濑家门前转过身，神崎飒太走了出去。梅雨时节将尽的天空砸落大大的雨滴，在柏油马路上溅起水花。

＊　　＊　　＊

飒太和绘里奈分手后淋着雨回到家里，父亲已经到家了。

洗过澡，做完作业，飒太打游戏消磨时间。两个人隔着桌子吃晚饭的时候，飒太的父亲开口问道："你和天泽家的孩子是同学吧？"

父亲突如其来地提起这个名字，飒太惊讶地抬起头来。

他甚至怀疑自己是不是在不知不觉中自言自语了。

"对……不过爸爸你怎么知道天泽？"

"哎呀，这叫什么话。天泽教授可是著名的 AI 研究者。"

这么说确实没错，而自己的父亲再怎么没用，也是专门负责 AI 领域的前调查记者。好吧，可以说是差不多已经没用了。

"那，天泽怎么了？"

一说这个名字，他就会想起白天看到的成濑绘里奈那寂寞的侧脸，还有在便利店看到的金发少女的身影。飒太在心中大叫，如果没有天泽该多好！

"没什么，天泽的儿子还好吗？"

到底要说什么？飒太感觉到不安的气息，他小心翼翼地选择了措辞："不知道啊。天泽一直没来学校，大概是拒绝上学吧。"

怎么也不能说，造成这个后果的原因就是自己。

"是吗，这样啊，那你不知道吧，他最近的情况。"

"嗯。啊，不过昨天我倒是难得看到他了。在便利店。"

"便利店？哦，去买午饭的时候吗？"

"嗯。当时他好像和一个不认识的女孩子在一起。"

"女孩子？！"

父亲的声音突然变得很严肃，飒太吃惊地抬起头。

"爸爸，怎么了？"

父亲右手拿着筷子，左手放在下巴上，闭了一会儿眼睛。想了一会儿，他慢慢开口问："飒太，那个女孩长什么样？"

怎么回事？飒太一边心里疑惑，一边回想昨天看到的少女长相。

"金色的头发，皮肤很白，年纪好像比我小一点。"

父亲又闭了一会儿眼睛，像是在思考什么。他的嘴角慢慢扬起。

"飒太。那个少女看起来像是普通女孩子吗？"

"什么意思？"

飒太皱起眉，他不明白这个问题的意思。面对儿子的这种反应，父亲像是说了不该说的话似的，摇了摇头说了一声"没什么"。然后他把胳膊肘支在桌子上，双手叉起，神秘兮兮地说："飒太，爸爸有个重要的任务交给你。你去问问天泽的儿子，还有那个女孩子，就问能不能让我见见他们？"

"……为什么？"

父亲以前从没说过这样的话。母亲过世后，父亲和飒太两个人相依为命，但飒太提到的学校话题，父亲从没显示过兴趣，更不用说和自己的朋友见面了。

有那么一会儿，飒太以为是不是自己主导不让天泽来学校的事情暴露了，不过应该不可能。学校老师都没发现，更不用说自己的父亲了。

"一定要想想办法。那个女孩子……对父亲的工作非常重要。"

父亲的表情很认真。能让一个成年人露出这样的表情，飒太觉得有点骄傲，但也有点悲伤。也许自己确实对父亲的工作有帮助，但也许父亲只是在利用自己。

他捧起饭碗，用萝卜干拨了拨白米饭，小心翼翼地开口说：

"——但是，我有自己的交友关系，而且需要他们两位都点头吧？所以我要知道原因才行啊。"

飒太的视线依旧落在餐桌上，低声说道。他和二人并没有能让"两位都点头"的朋友关系，要介绍给父亲，只能生拉硬拽，或者出其不意。

所以，和原因没有关系，只是飒太很想知道。要帮助这位总闲散在家里的父亲，至少要知道来龙去脉吧。

"好吧，真是顽固的家伙……你到底像谁啊。"

说着，父亲叹了一口气，探出身子，压低声音。

明明房间里只有两个人，没有第三个人能听见。

"听好了，那位少女——"

之后父亲说出的话，让飒太无法相信。

解说　人工智能与社会结构的转型

人工智能会夺走工作吗？

　　本章的主人公是悠翔的同班同学，神崎飒太。他喜欢和悠翔青梅竹马的成濑绘里奈，对悠翔心怀嫉妒。他的父亲是调查记者，但受到人工智能的影响工作减少，家庭情况也不好。这一章几乎没写爱丽丝自身的成长和行为，所以这里也暂时把她的成长放在一边，简单谈谈人工智能和社会的关系。

　　在如今的 2020 年代，人工智能技术已经普及。在这样的普及开始之前，也就是 2010 年代前半期人工智能刚刚兴起的时候，有一篇论文曾经引起广泛的关注。那是牛津大学的卡尔·弗雷（Carl Frey）和迈克尔·奥斯本（Michael Ocborne）撰写的论文，题目是《就业的未来：工作受计算机的影响会有多大？》（*The future of employment:How susceptible are jobs to computerisation*？）。论文分析了在未来，计算机系统的普及将会如何影响劳动，又会有哪些就业机会消失 [17]。各种报纸、杂志、书籍、网络文章纷纷引用论文的内容，并加上"AI 会夺走工作吗？"的标题。笔者在面向普罗大众的演讲等活动中，也总会遇到类似的问题。

"人工智能夺走工作"之所以耸人听闻，是因为"人工智能"这个词多少包含了拟人化的意思。从"夺走"这个动词也能看出来，这句话中的"人工智能"，被描述为夺走工作的主体。

现代的人工智能技术，与其说是科幻小说中出现的那种具有独立人格的存在，其实更像是代为进行某些智能处理的工具。尽管如此，只要提到"人工智能抢工作"，人们往往会想象出一个搭载人工智能的机器人抢走自己工作的科幻式未来 [1]。然而事实并非如此。抢走工作的不是人工智能，而是使用人工智能技术的"人"。

作为处理技术发展与社会转型的学术领域，科学技术社会论应该是最合适探讨这一问题的。在日本，江间有沙在其著作《AI 社会的走向》[18] 中对此有广泛的论述。此外，河岛茂生等人也在《AI 伦理》[19] 中进行了广泛的讨论。这些都不是从技术视角，而是从

---

① 另一方面，未来可能会出现具有自主性的机器人，抢走多种工作。但是要实现这一点，必须等待本书讨论的具有自主性且会不断发展的人工智能诞生和成长。

俯瞰社会的视角写就的。所以，本章也希望从人工智能和机器人研究者的视角、从技术论的现实角度，讨论 AI 与社会。除了前面提到的拟人化的观点，我还想再讨论两个观点：一个是技术革新带来的就业变化，另一个是网络化。

技术发展导致"工作"变化？

技术发展会抢走人的工作简直成了定律，也是技术革新的原动力。机械化技术和自动化技术原本是为了方便人类劳动或者提高劳动水平而开发的，可机械化的发展消灭了简单劳动，自动化技术的发展甚至消灭了专业性的劳动。在工厂的机械化进程中此类事情数见不鲜。技术导致产业结构变化，整个社会的雇用与人才配置都在不断调整。例如，插秧机将插秧工作自动化，食品工厂里的糖果装袋工作被流水线的自动称量机取代。更早的例子还有在城市间运送邮件的邮差，由于机动车的登场而消失。这些案例可能会让人以为，它们都是工业革命以来的机械化所带来的变化，其实不然。在人类历史上，这种现象更为普遍。

大家通过日本历史课，应该会对江户时代农机具的发展非常熟悉。其中有一种叫作"千齿擦"的机器能够实现快速脱粒，它有个绰号叫作"寡妇怨"。当时脱粒是一种费时费力的工作，对于失去丈夫的寡妇来说，脱粒工作是她们珍贵的收入来源，但"千齿擦"抢走了这项工作。

从这个意义上说，"人工智能夺走工作"的现象，根本不是人工智能独有的问题。

关于人工智能会抢走什么样的工作，可以参考其他书籍，不过掌握思维实验的基本视角并无坏处，那就是"哪种工具的普及，会让哪种工作变轻松"。因自动化变成"谁都可以简单完成"或"机器能做就不需要人做"的工作，通常都会消失。

很久以前，说到出租车司机，就是最了解城市中各种场所和路径的，甚至是只要告知他目的地便能穿过神秘的小道把自己送达的高手。但是近年乘坐出租车时，很多司机既不知道目的地的场所是什么，也不知道怎么去，需要检索导航软件，根据导航指示的路径驾驶才能抵达。

导航的发展和普及，使得熟悉道路不再是出租车司机必须具备的主要能力，至少不再是出租车司机获取利润的主要差异因素。如此一来，出租车司机便成了一个控制装置，只需要依照导航指示的路径前往目的地。坐在这种出租车的后座上难免会想，"出租车司机的工作，很快就会被自动驾驶汽车抢走了吧"。

机器翻译系统的进步也很显著。此前，一直宣称"机器翻译不可信赖"的人们，也在机器翻译不断进化的性能面前陆续改变了看法。以广受欢迎的 DeepL 为例，只要输入英语论文，便能输出足以无障碍阅读的日语文章。用日语书写的正式文章也能翻译成英语，差不多可以直接使用。之前一直要求学生"必须自己好好写英语论文"的教授们，在不得不将自己写的文本译成英文的时候，只要尝试过使用 DeepL，就会发现得到的英语文本十分准确，自然会忍不住偷偷使用，同时会苦恼于"今后该怎么指导学生用英语写作"。当然，尽管有了机器翻译，我也并不认为从此以后不再需要外语教育，但教育方式肯定会发生改变。无论如何，它必定会影响从事翻译和语言教学工作的人。

在故事中，神崎飒太的父亲原本是介绍 AI 相关技术的调查记者。技术信息是在世界范围内用英语发布的，在这个意义上，解读并用日语整理那些英语论文的能力，就是记者竞争力的源泉。但也许正是因为机器翻译技术和文件摘要技术等自然语言处理系统的进步和普及，摧毁了神崎飒太父亲的部分优势，让他失去了工作。

互联网与人工智能的同盟关系

我还想谈谈人工智能与网络化的关系。

目前，随着广义的人工智能技术渗透，各行各业的劳动与雇佣关系都发生了变化。例如，出租车的调配原本是由调度员完成的人工任务，而以 Uber 为代表的出租车调度系统可以通过自动化的算法，高速批量处理智能手机发来的用户请求，确定调度计划。在这些交易中没有人类的介入，此时，不仅有调度员丧失工作机会的问题，也出现了社会经济的变化和伦理上的问题。换句话说，在这种出租车调度中，向出租车司机下达指示的是谁？

　　直接向司机下达指示的是人工智能，而由人工智能指挥的各个出租车司机，就像是可更换的零部件。在经济意义上，同质化的劳动力丧失了价格谈判力。自动化系统介入受榨取的劳动者和建立这一系统的资本家（或企业家）中间，产生了比以往更为不人道的断裂和贫富差距。此外，在伦理的意义上，人工智能指挥人类的局面，也带来了新的问题。

　　但是，这些问题真的是由"人工智能技术"引发的吗？在这里所使用的人工智能技术，其实是相对比较经典和简单的。

　　笔者认为，在这个案例中，与人工智能技术相比，也许智能手机的位置信息服务的普及以及商业交易的互联网化，才是问题的根源。互联网的普及令各种信息处理和商业交易实现了自动化，并促进了各种"去中介化"及相伴的价格低廉化。在这一意义上，它也是通货紧缩的元凶。

"人工智能"这个词具有拟人化的特征，很容易被人想象成批判性言论的对象，所以"人工智能夺走工作"这个耸人听闻的标题被广泛接受，但互联网、智能手机和SNS（社交媒体）的普及所导致的社会结构变化，也许才是更为本质的原因。

互联网与人工智能常常携手并进。因为拟人化倾向导致人工智能更容易成为批判对象，但如果根本性的问题源于互联网化，那么这个问题应当得到更为严谨的审视和讨论。

技术革新正在改变社会和产业的结构，这当中自然会产生出伦理的、社会经济的问题。但我们应当严肃地认识到，催生这些变化的，不是如同人类一样具有自我意识的人工智能。

第 7 话　**冲突者**

"对了，成濑。我想见见那家伙……天泽，在哪儿能见到他？"

飒太问出难以启齿的问题，绘里奈一脸诧异地抬头看着他。

"哎？那和我一起去玩就可以了。我不介意的。"

绘里奈歪着头，一脸天真。飒太在心里苦笑不已。

"我有点不太方便去他家。"

毕竟要喊上父亲。因为父亲说自己要拍照片，如果把父亲带到天泽家里，那实在让人起疑心，而且强行闯进去可是犯法的，所以最好是在室外。父亲这么告诉他。

"是吗，那好吧。不过悠翔还是那么宅呀。"

绘里奈托着下巴想了一会儿，忽然拍了一下手，像是想起什么似的。

"对了，最近他经常和爱丽丝在中午去河边散步。"

"河边？是那条河吗？"

"对对，就是那边那条大河。这么热的天，非要出去散步。不过比起一直宅在家里，出去晒晒太阳也是好的。"

流经此地的一级河流[①]，要说去河边散步，就是去那儿了。

"爱丽丝……就是那个金色头发的女孩子吧。"

飒太想起在便利店触到的手，冰冰凉凉的。

"是啊。神崎，你见过她？"

"嗯，看见过。"

面对歪着头的少女，少年搪塞了一句。

"对了，成濑你知道吗？爱丽丝那个女孩子，其实是——"

说到这里，飒太又停住了。如果绘里奈不知道的话，自己可能就不该说出来。

"什么？爱丽丝怎么了？"

"……啊不，没什么。太谢谢你了，成濑。帮了大忙了。"

"哎，不用客气。不过你要是想见他们两个，我完全可以一起去。只要你到时候说一声。"

"我知道，谢谢你。"

说完，飒太离开了绘里奈的座位。必须在她没发现之前接触天泽。飒太不知道父亲要做什么，但是他有一种预感，最好不要

---

① 一级河流指没有支流流入的河流。——编注

让绘里奈看到。不过，孩子只能听父母的话。

＊　　＊　　＊

"早上绘里奈不来呀。"

"是啊。因为有学校嘛，绘里奈每天都在好好上学。"

下方是流经小城的一级河流，几只从南方的天空飞来的鸟落在小溪上。梅雨季节结束，进入了真正的夏天，阳光很强，天气一直很热。

"悠翔不用去学校吗？"

"我不用。不去也没什么。"

"为什么呢？"

"这个啊，为什么呢？"

爱丽丝来到悠翔家已经有三个月了。她成长了许多，能走路了，也会说话了。一开始带她来的蒂贝说过"她会成长"，现在悠翔确实理解了。

自从去过便利店，悠翔就开始带爱丽丝出门了。虽然从今年冬天结束以来就一直宅在家里，但出门的感觉居然也不错。可能是厌倦了待在家里，也可能是爱丽丝想出去，总之这些因素都推动了悠翔。对爱丽丝来说，室外充满了与室内不同的刺激。

"我，喜欢这个地方。"

"我也不讨厌啊。这条河有我美好的回忆。"

低年级的时候，他经常和绘里奈还有其他同学一起在这条河岸上玩。

吹来的风温柔地抚摸着发烫的肌肤。看看身旁，爱丽丝的金色头发随风飘荡，反射着夏日的阳光。

就在这时，背后有人喊自己。

"你在这里啊，天泽悠翔。"

悠翔回过头。通往河岸的下坡道上，站着一个穿着黑色短袖连帽衫和蓝色牛仔裤，双手叉腰的少年——是同班的神崎飒太。

"你就是爱丽丝吧？"

朝河岸走下来的飒太低头看着爱丽丝，眼神里充满了遗憾。

"你找我们有事？"

"啊，有事。天泽偷懒不去上学，和女生在一起玩啊。"

飒太从口袋里掏出手机。

拒绝上学。虽然找了各种理由得到老师的谅解，但如果同班同学说自己"偷懒"，那就是说对了。

"这是我自己的事，和你没关系。"

"没关系……吗？"

这话对飒太来说有不同的含义，毕竟是他制造出让悠翔不想来学校的局面的。至少他自己是这么想的。

飒太用手机发送了带有位置信息的消息，这样他父亲应该很快就会赶过来。只要自己能在那之前拖住他们两个，自己的任务就完成了。

坐在地上的悠翔站起身来，爱丽丝也跟在后面起身，双手拂去粘在白裙子上的草叶。她的动作非常自然，飒太眯起眼睛。

"无所谓。有个人想见见你们，希望你们能赏脸。"

"……有人想见我们？"

悠翔皱起眉头。

飒太点点头。

爱丽丝凑了过来，像是要躲在悠翔身后似的，那副模样真是楚楚可怜。飒太想起下雨天看到的成濑绘里奈的侧脸，那样子总让他心中苦涩。

"是我爸，他想和你们聊聊。"

飒太顺着下坡走了过来。他总觉得自己像个反派，不过，事已至此……

"你父亲找我们有什么事？"

悠翔想起来了，飒太的父亲当年曾经是 AI 相关的调查记者。

"谁知道呢？不过我想他对那位叫爱丽丝的女生有兴趣吧。你好像一直和她在一起……不会还没发现吧？她不是人类，是……机器人——人工智能。"

飒太用手机像刀一样指向爱丽丝。人工智能。机器人。

在这块板砖——手机里，同样也塞满了人工智能。语音识别、图像识别、机器翻译，机器智能通过互联网连接到承担计算任务的服务器，这是 21 世纪诞生的智慧。人工智能是工具，是为了被当作工具的智能。

但是爱丽丝不一样。在那具身体里，只有爱丽丝这一个具有自主性的存在。而对于天泽悠翔来说，那也是这三个月相处时光的证明。

"那又怎么样？"

"你果然也发现了吧？发现了以后，还是一直两个人待在一起吗？连学都不上……真恶心。"

飒太想起 AI 浪潮消退后工作机会锐减，而技术犹如理所当然一般蔓延，导致父亲苦于寻找工作的身影。他也想起落在成濑绘里奈脸颊上的雨滴。

都被 AI 抢走了。天泽悠翔和他父亲开发的 AI 一起，抢走了我最重要的东西——真恶心。

"不怎么样。那家伙是机器人吧？是人工智能吧？那就无所谓了，我爸无论如何都想采访它一下啊。既然只是个物品罢了，就赶紧把它交给我。"

你有成濑。明明是个拒绝上学的蛰居族。没用的笨蛋。我稍微搞了点小动作，就不敢来学校了。

"爱丽丝是人。她可能是机器人，也可能是人工智能。但爱丽丝还是'人'。"

"哈？你在说什么鬼。机器人就是机器人，不可能变成人。"

"悠翔，我是人？"

"嗯，是啊。爱丽丝就像我的妹妹……你是人。"

悠翔在爱丽丝耳边低声说："爱丽丝，快跑。"爱丽丝微微点点头，像是明白了。

"你们偷偷摸摸在干什么！其实我也不乐意做这事，但是老爸非要让我帮忙，哪怕用强迫的方法也要把你们交给我爸。"

神崎飒太慢慢逼近，他死死盯着两个人。

悠翔退了一步。他轻轻握住爱丽丝的手，就像是叮嘱她马上离开。

"快跑，爱丽丝！"

悠翔猛地跑出去。但是爱丽丝的身体没能马上响应他的动作，产生了一瞬间的停顿。悠翔的手腕被飒太抓住了。

"放开我！我和你父亲没什么话好说。我和爱丽丝只是住在一起！"

"你逃不了的，天泽！说实话，我很早以前就讨厌你了。在学校里排挤你的也是我。你大概没发现吧。"

悠翔吃惊地抬头看着飒太。

"为……"

"你没觉得奇怪吗？从五年级开始，周围的人突然开始疏远你。嘿，就是这样。名声臭了，知道吗？"

悠翔想起一年前，在班级里受排挤，苦闷的五年级之秋。那时候如果和绘里奈同班，会有什么不同吧？如果有爱丽丝在，会有什么不同吗？

爱丽丝在旁边来回看着两个人的脸，一副不知所措的样子。

"神崎，是你干的？"

"是又怎么样？"

悠翔狠狠瞪着他。他已经习惯宅在家了，本来就不喜欢去学校，不想被关在教室里。听着一致的课程，做什么都要一起。必须整齐划一，必须步调一致，真像机器人。我无所谓去不去，但请假不去学校，让父母担心，也让绘里奈担心了。

"你该道歉。如果你认为自己做了错事，就该道歉。"

"哈？我才不会道歉。该道歉的是你。你被这种机器人迷得神魂颠倒，让成濑绘里奈那么伤心。这种假货。都是因为这种伪装成人的假货，还有声称它是人的你，才让大家这么痛苦！"

"假货？我是假货？"

爱丽丝歪过头，像是试图理解这话的含义。

悠翔用力握住她的手，像是要确保她的存在。

"收回你的话，神崎。爱丽丝不是假货。我们度过的时光不是假的！"

"那有什么关系？它不是人。不管有多好看的脸，它都只是个机器人。没错，爱丽丝，你——不是人。你是假货。"

"闭嘴！"

回过神来，悠翔的左拳很痛，挥出的手臂也让肌肉受到冲击，是悠翔所不习惯的感觉。抬头一看，面前的神崎飒太捂着脸颊。

"好痛……你这个混蛋！敢跟我动手，你个不重视朋友的家伙！"

这次是自己的右脸受到了冲击。悠翔没站住，跌坐在地上。自从高年级以来自己还没打过架，他本来一直和暴力保持着距离。

抬头一看，爱丽丝露出担心的表情在看自己。

"爱丽丝，快逃。你一个人跑回家去。"

爱丽丝没动。她一脸茫然，大概不知道应该怎么决定自己的行动吧。

"我没事的。我被抓住不会怎么样，你要是被抓住就糟糕了。你快跑吧。"

一脸困惑的爱丽丝终于点了点头。

然后她跑了出去，沿着河向北。

"站住！你跑不掉的！"

"这是我要说的话！"

飒太想追爱丽丝，悠翔用身子撞上去。

未曾预想的强烈冲击让飒太不禁叫了一声。他踉跄了几步，总算没有摔倒。

"你挺能打的嘛，明明是个宅男。"

"我又不是没活动身子。"

虽然主要是收拾爱丽丝搞乱的东西和照顾爱丽丝。

自己的目标是争取时间，保证爱丽丝回到家。想到这里，悠翔朝爱丽丝跑走的方向望去。

爱丽丝被一个成年男子张开双臂拦住了。

"爱丽丝！"

"虽然场面有点乱，但还是把两个人带来了啊。干得不错，飒太。"

"老爸。"

"请放开，我要回家。"

飒太的父亲紧紧抱住了爱丽丝，爱丽丝发出平板的话声。

悠翔想，只有一个神崎的话，自己可以拦住他让爱丽丝逃走。但是还有个成年人，自己无能为力。

不过不能放弃。爱丽丝不能被他们带走，他们肯定会做一些不好的事。爱丽丝会被当成物品对待，爱丽丝会离开我。这三个月明明很开心，我明明习惯了和"人"相处。

悠翔推开飒太，朝神崎的父亲冲去。

"啊啊啊啊啊啊啊——"

"哇，你小子！"

悠翔撞了上去。神崎的父亲被他的偷袭撞得晃了晃，但是没有放开爱丽丝。

"放开爱丽丝！把爱丽丝还给我！"

神崎飒太的父亲和激动的悠翔稍微拉开一点距离，闭了闭眼睛，呼了一口气。

"天泽悠翔，我可以放手，也可以把它还给你。因为这是你的'物品'。但我希望你能答应我，接受我的采访，把你们两个的事情告诉我。"

这是大人哄孩子的话。高高在上，冷静沉着，并且可疑。

他把爱丽丝称为"物品"。这个词让悠翔很愤怒。

"采访"这个词的背后，仿佛隐藏着更多的东西。

"我不要。——我和爱丽丝要回家了。"

悠翔抬起头，直直盯着男人的脸，那表情像是要拯救公主的王子。

"你这小子，别得寸进尺！"

追上来的飒太在后面大喊。悠翔回头一看，飒太的身体就在身后，他举起了右臂。

"住手！飒太！不要使用暴力！"

男人焦急地大叫。但是暴躁的小学生停不住，挥起的拳头砸在少年脸上，发出一声闷响。

"爱丽丝！"

金色的头发飞舞，飒太的右拳打在雪白的脸颊上。

"痛！"

飒太情不自禁按住右手。爱丽丝的脸颊很硬。

"爱丽丝？你没事吧？"

悠翔撑住爱丽丝失去平衡的身体，少女出乎意料的重量压在他的手臂上。

"我没事。"

"你不痛？"

"痛。"

左侧脸颊似乎有点歪。

"但是还能跑。悠翔，跑吗？"

"啊，跑吧。"

爱丽丝慢慢站了起来。

前面是飒太的父亲，后面有飒太拦着，没那么容易逃走。特别是飒太，看起来已经失去了冷静。

"飒太，别担心。他们两个人做不了什么。那个女孩的身体确实是机器，但是机器人有所谓的'机器人三原则'。'机器人不得危害人类'。除非我们动手，不然他们什么都做不了。所以你别动手，我不想招来警察。"

飒太听到父亲的话，不情不愿地点了点头。

"悠翔，要回家吧？"

"是啊。"

"如果不离开这里，悠翔可能又会被打是吧？"

"可能吧，这要看神崎了。"

"明白了。"

爱丽丝点点头，站起来，离开了悠翔的手臂。

"好了，乖乖听话，接受叔叔的采访，天泽悠翔，还有你——爱丽丝。"

太阳悬在高高的天上。溢满世界的热气让中年男子的脖子上渗出汗水。

河里水声潺潺。吹来的风，让爱丽丝的金色头发飘荡不已。

就在这时，爱丽丝跑了出去。

"嘿哈！"

男子捂住肚子跪了下来。爱丽丝用那副钢铁制成的身躯重重地撞到了神崎父亲的肚子上，她站在跪倒的男子面前，侧脸显得威风凛凛。

"为什么……用来改善生活的 AI，怎么能危害人类……"

男子吃惊地抬头看着少女。少女在他面前撩起头发。

"'机器人三原则'？那是什么？好吃吗？"

她有几分理解了这个充满讽刺的比喻呢？

悠翔回头一看，神崎飒太一脸震惊，正在后退。

"够了！神崎！"

远处传来喊声。悠翔朝快车道方向抬头望去，只见那里有两个熟悉的身影。

"蒂贝先生！绘里奈！"

跪在地上的神崎父亲慢慢站了起来。

"天泽教授团队的人吗？算了，够了，已经拿到足够写报道的材料了。我们走吧，飒太。"

"啊……哦哦。"

飒太朝绘里奈的方向瞥了一眼，露出苦涩的表情。但在靠近的两个人和朝北走出去的父亲的身影间犹豫了片刻之后，飒太追在父亲背后跑了出去。

"悠翔！爱丽丝！对不起——！"

跑过来的绘里奈直接抱住了他们。

"绘里奈……热啊。"

"哎？热？抱歉抱歉。爱丽丝呢？"

"我没关系。我不热。"

"这样啊！"

绘里奈推开悠翔，单独紧紧抱住爱丽丝。

抚摸着被太阳晒热的金色头发，爱丽丝紧紧闭上眼睛。

"你没事吧，悠翔？"

"嗯，就是打了一架。"

听到悠翔的回答，走过来的蒂贝用手掌轻轻拍了拍悠翔的头说："男孩子偶尔打一架也不错。"就像是在说"辛苦了"。

"我听说过神崎和其他几个调查记者在打听爱丽丝的事，但我没想到他的孩子就在你班上。"

"不过总有什么办法的吧？"

悠翔摸了摸被飒太打过还在刺痛的脸颊。因为自己先打了神崎，所以彼此彼此。上一次这样和人打架也不知道是多久以前的事了。

"不好说，可能不行了。"

"哎？"

悠翔惊讶地抬起头，蒂贝又摸了好几下他的头。

"别担心，悠翔自己不会有事的。我知道这不会长久，只是看到你们共同成长的模样，怎么也没办法把你们分开。"

说着，蒂贝眯起眼睛。

*　　*　　*

一个学期结束了。结业典礼那天，校长面向全校学生说明了前一天刊登在周刊杂志上的一篇报道，那场事件牵涉到本校的两名儿童。

那份周刊杂志上刊登的报道再次对人工智能的危险性敲响了警钟，此外，文章还指责研究人员违反了研究伦理。不过文章的内容很专业，校长费了很大力气解释，讲话最终却落到了老生常谈上，也就是"这样的事件就发生在身边，各位同学在暑假期间一定要多加小心"，和提醒他们预防中暑和小心交通事故没什么区别。

虽然没有提到具体儿童的名字，可实际上，孩子们都知道报道说的是谁——悠翔和飒太。悠翔没来上学，飒太自然被小学生们团团围住。杂志上的照片遮住了脸，可飒太本来就是孩子们的中心人物，作为那个事件的"受害者"一下子成了名人。

报道中写的是某月某日某市河岸上发生的事件，搭载了最新人工智能的人形机器人袭击调查记者及其孩子。杂志上有一张照片拍摄了少女用身体撞击记者本人的样子，还有他的孩子在那个机器人面前脸颊肿起的痛苦模样。同时，以那些场景为核心制作的视频也被上传到视频网站上。那段耸人听闻的视频播放量瞬间超过百万，迅速传播开来。事件中的机器人是外表和人类相仿的美少女，这也是在网络上引人关注的重要原因。

在杂志刊登报道之前，爱丽丝已经从悠翔家里回收走了。悠翔知道蒂贝把她带去了什么地方，是和父亲相关的某个研究所。

"为什么爱丽丝不能继续住在这里了？"

"悠翔，我也喜欢这里。"

不得不离开成长的房子，临别之际的爱丽丝也露出寂寞的表情。

蒂贝跪在两个人面前。

"没办法。我觉得很对不起悠翔，但爱丽丝确实伤害了人是不可否认的事实，媒体也引用了'机器人三原则'来煽动大众。开始这个实验的时候，我虽然获得了悠翔父母的承诺，却没有获得你自己的承诺。我们想知道，你在不知道爱丽丝是机器人的情况下很自然地对待她，会如何促进爱丽丝的成长。但这作为研究伦理，确实有点不妥——我当然知道这一点。"

蒂贝露出遗憾的笑容，抚摸着爱丽丝的头，爱丽丝一脸疑惑地抬头看着蒂贝。

"但是蒂贝先生，我很开心呀，把爱丽丝留下来吧。"

悠翔抬头看着那个外表依然很可疑的博士，握紧拳头。

"我在学校里待不下去，在家里也只有自己一个人。手机上网有无数视频，也有足够的信息，我的学习没有任何问题。我和世界连在一起。人工智能给了我知识——但是，我想我还是一个人。"

爱丽丝来了之后，确实让自己手忙脚乱，一个人悠闲看视频的时候也会被打扰。但是只要和她反复交流，她就会一点点学到东西。她学会了说话，这很让我开心，很让我快乐。爱丽丝用我教她的知识拓展了自己的世界，我通过爱丽丝拓展了我的世界。

一起去的便利店，一起散步的河岸。我知道，经验不是单方面给予的，而是一起探索得到的，世界就是这样变得缤纷多彩。

就这样，我们变成了人。

"我也很开心。悠翔是我的哥哥。"

"哥哥吗……是啊，我是哥哥。"

来这里的时候坐在轮椅上的金发少女，现在在用双腿站立着。

"再见了，悠翔。"

"再见了，爱丽丝。"

张开的右手交叠在一起，握住的手果然还是有点冷。

就这样，没有你的暑假开始了。

解说　人类与人工智能的关系及其伦理

伪装成人类的机器人

爱丽丝既是人工智能，也是机器人。

就外观酷似人类的人形机器人而言，石黑浩等人的团队设计出的 Geminoid 和 Ripley 等机器人，其精巧程度令人咋舌。不过看到实物，很难让人承认它们是人，终究会发现它们是机器。人对人和机器的行为差异非常敏感，异常感是在短期的、非语言性的相互作用中产生的。姿态、肢体动作、视线的移动方式以及其模式有无规律性，让人看穿"这不是人类"的线索，遍布于这些细节。就连静止不动，即始终挺直背脊坐在座位上，都能无声地宣布自己是一个人形机器人。

在区分人工智能与人类智能上，有著名的图灵测试。图灵测试中，人类的判断者通过电脑等终端设备用文字进行对话，通过电脑终端对话的对象可能是人，也可能是人工智能。如果判断者无法断定对面是人工智能还是人，那么这个人工智能就通过了测试，被认为具有和人类相同的智能。

当然，这只是人工智能研究的哲学讨论中的一种观念，人工智能研究者并不都认为"通过了图灵测试就具备了人类水准的智能"。

标准的图灵测试只使用文字，以存在明确交替发言的短期相互作用为前提。不过，如果想用这种形式去测试现实世界中生活的智能，我们可不能毫无批判地全盘接受。

毕竟，正如前面讨论过的，理解词汇含义并不限于文本。将讨论限定在文本范围内就意味着将讨论限定在智能与思维的有限部分中。例如，人形机器人的例子所显示的文本以外的多模态信息，也会成为区分人和人工智能的线索。如果将对话变成语音通话，那么即使语气、语调中也会承载各种信息。

在短期的相互作用中，人们往往会评价人工智能说"像人"，但如果相互作用持续下去，大部分情况下人们都会沮丧地感觉到"和人不一样"。

很难理解对话的语境

人工智能与人类在交流中，特别是语言交流上的差异，和如何理解语境也有很深的关系。

例如，当你在询问智能音箱的时候，问出"告诉我京都的天气"时，智能音箱会用非常流畅的话语告诉你。我家的孩子们第一次听到回答也非常兴奋，但如果乘兴继续问出各种各样的问题，智能音箱回答"我不知道"的情况就会越来越多。也许是厌倦了一成不变的回答，到家第一周非常受欢迎的智能音箱，从第二周开始就没人感兴趣了。

在语言理解中，让人工智能捕捉"语境"是非常困难的问题[①]。我们常常以为，一个句子的含义会全部包含在这句话中，但这是很大的误解。

现代的人工智能擅长理解不依赖语境——也就是含义全部包含在某一特定句子的语句中。上文的例子，"告诉我京都的天气"，

---

① "语境"这个词在日语中表示"语句在文章中的连续性"，给人的印象是包含在文章中或某个系列中的信息。但在学术意义上的"语境"，相当于英语的context，它具有更为广泛的含义。context 是在"文本"（text）前面加上表示"共同"的前缀 con- 构成的，它更倾向于指代和文本共同出现的其他事物。因此翻译过来，它不仅表示"语境"，也带有"状况""环境"等含义。

其含义全部包含在这句话中。

与此相反，人工智能通常不擅长理解语境依赖性高的句子。例如，"你知道刚才那个问题的答案吗？"在这样的问题中，不知道"那个问题"是什么，就没办法回答。如果"那个问题"位于之前说过的内容中，那么找到其对应关系的行为，叫作"内部对应解析"，是自然语言处理中语境解析的一种。

相比之下，比如当我们围坐在餐桌边的时候，妻子对我说"把那个拿给我"，这里的"那个"指的是什么，即使参照过去的对话也无从得知。不过我手边有个酱汁瓶，再对照妻子正在看着它的情境，我便知道"那个"所指的对象是酱汁瓶。像这样，根据文本之外的语境（或者情境）来排除指示词中包含的干扰项，被称为"外部对应解析"。仅仅依靠文本无法解决这样的问题。

还有更长的语境。"喂喂，上周说的文件，弄好了吗？"在这个例子中，我们必须记得上周发生的事，否则无法应对。以及这句话："上小学的时候，班主任不是叫长谷嘛，运动会上的那个，真的超帅吧。"它非常复杂，如果当事人没有共享庞大的语境，就完全不知道是什么"超帅"。"孩子他爸，中午有时间吗？"隐含了发言者想去超市购物的意思，但要理解也需要共享语境。这类日常司空见惯的对话，智能音箱无法应对。因而从结果上看，智能音箱无法实现和人类一样的对话功能。

要创造出不仅可以共享文本内部的语境也能共享外部语境的人工智能，并与人类保持长期的相互作用，依然是一项很大的挑战。

培养关系性

悠翔说："爱丽丝是人。她可能是机器人，也可能是人工智能。但爱丽丝还是'人'。"

他和飒太产生了互不相容的认识。

悠翔说的"人"是什么意思？他应该不是在坚持爱丽丝是生物学意义上的人类。关于这一点，他说过，"她可能是机器人，也可能是人工智能"，悠翔已经发现爱丽丝不是人类。此外，从语境上看，他的意思也不可能是说"爱丽丝和人类具有同等水平的智能"。

悠翔的意思应该是说，"对自己而言"，爱丽丝"是和人类没有任何区别的'他者'"。这里涉及的是关系性的培养。

关于人和机器人的关系性，冈田美智男长期强调弱小机器人存在的重要性，设计出了"无法独立做任何事的机器人"。那样的弱小激发了人类的意向立场。

这里的"意向立场"，是哲学家丹尼尔·丹尼特（Daniel Dennett）对意向的分类。丹尼特将人类面对对象的立场分为三类，即：物理立场、设计立场以及意向立场。

所谓物理立场，举例而言，即一个球滚下坡道时将之解释为"受到重力作用而滚落"的立场。

所谓设计立场，举例而言，即命令一个球形机器人"滚动！"时，如果它开始滚动，将之解释为"它被设计成收到滚动的命令时便开始滚动"的立场。这种立场预设了物体背后存在设计者。

意向立场，则是当球形机器人开始动起来，会让人思考"这家伙要去哪儿？"在制造能和人类交流的机器人时，导向设计立场还是意向立场，会造成很大差异。前者归根结底只是他律性的工具。与机器人进行相互作用的人，一旦发现机器人背后存在设计者的身影，便通常会感到扫兴。

从制造工具性人工智能的意义上说，"设计立场"没有任何问题。我们不会因微波炉根据设计者的意图自动加热米饭而抱怨，也不会觉得可视门铃的图像识别设备基于设计者的意图，将来访的绘里奈识别为"成濑绘里奈"有不协调感。

对自主交流机器人而言重要的是，如何在不暴露存在设计者的情况下与用户构建出关系性。

在这层意义上，类似宠物机器人的娱乐用交流机器人使用日语或英语等自然语言的情况，目前伴随着相应的风险。

现实世界中的自然语言理解难度很大。尽管如此，只要宠物机器人可以使用自然语言，用户势必会期待宠物机器人理解语言。即使被告知不要有这样的期待，但对于习惯了人与人交流的我们，还是会不可避免地产生这种情绪。

但是，如果按照这样的期待去和它们交谈，就会发现机器人并不能理解话语的含义，于是我们会感到不协调，然后变成沮丧和烦躁，认为这样的交流是"被制造出来的"东西，从中发现设计立场。希望宠物机器人具备语言交流能力的想法是很自然的，而且这样的愿望可以被满足，但它也会几乎不可避免地摧毁用户与机器人构建关系性的进程。

至于娱乐机器人在社会上的成功案例，索尼制造的 AIBO 是无可挑剔的。虽然那是 2000 年代的事，但回顾 2020 年之前的历史，在与人类构建关系性的意义上，作为在现实世界中活动的自主机器人，再没有能产生那么大社会冲击的。毫不夸张地说，那是人类历史上的重要事件。有人把 AIBO 当作宠物对待，给它穿衣服，甚至还有人在它不能行动之后给它举行葬礼。

回头审视，AIBO 在各个方面的设计都很优秀。而在这里，我想特别指出两点：

第一，初代 AIBO 不会说自然语言。它只会发出"哔哔"之类的电子音。这一点，用短视的技术开发角度看，是"没有说话的能力"，但在与用户构建关系性的意义上，"不说话"其实是非常重要的。只能发出"哔哔"声的机器人，会激发用户的能动性解释行为，去猜测机器人"想说什么"，与冈田"弱小机器人"的观点相通。大多数解释都交给了受众，使得二者产生了联系。另外，机器人如果会使用具体的自然语言，就隐含了由机器人规定话语含义的要求。但我们会发现，机器人并不理解那些词句的"意义"，就算去问机器人"你说这些的目的是什么？"，机器人也自然回答不上来，我们便会很想对机器人说"不要讲那些你不能对其含义负责的话"。在这个意义上，AIBO 的"哔哔"声非常诚实，因为它根本什么都没"说"。

这也类似于婴儿与父母的交流。婴儿发展初期的交流，语言的含义在很大程度上交给了解释者。婴儿突然哭起来的时候，父母需要推测眼泪的含义，把婴儿的嘴凑到乳房或奶瓶上；等到稍大一点，孩子会说"啊啊！"的时候，便用勺子把断奶辅食送到孩子嘴边；上小学的孩子回到家里说"好热！"，会倒麦茶递给他。所以说，我们的交流是通过解释者能动地赋予其含义而成立的。

第二，AIBO 基于和用户的关系来改变其行为。实际上，它们并不会像人类的幼儿那样学习，也不会获得各种各样的知识和采取各种各样的行为。AIBO 内部的系统只会计算这些相互作用，并逐渐解除功能限制。但即使如此，在用户看来，AIBO 也像是在相互作用中成长一样，这一点正是用户和 AIBO 之间构建关系性的关键。①

"机器人三原则"并不现实

爱丽丝没有遵守"机器人三原则"，用身体撞了神崎的父亲。她是基于怎样的意图和价值判断做出这种攻击行为的呢？爱丽丝可能是出于保护悠翔的目的，或者认为这种行为是实现回家这一目标的子目标，因而采取了这样的行动。无论如何，她都没有遵守机器人三原则。

从科幻小说的角度看，这可能确实令人震惊。但从现实的工程学观点看，机器人三原则的要求，只会令人不得不摇头苦笑着说，"机器人三原则并不现实"。

机器人三原则包括如下三项，它们出现在人工智能主题的古典科幻名著，艾萨克·阿西莫夫（Isaac Asimov）的《我，机器人》（*I, Robot*）[21] 中。

---

① 这些观点在笔者的处女作《能否创造出会交流的机器人》[20] 中有更为详细的讨论，请参考。

第一条 机器人不得危害人类，也不得坐视人类遭受伤
害。

第二条 机器人必须服从人类的命令，除非该命令违反
第一条。

第三条 机器人必须保护自己，除非该行为会违反第一
条和第二条。

说到底，这只是科幻小说中的设定。而且在小说里，这些原
则也成为矛盾冲突的潜在原因。只是因为它太有名了，所以许多
涉及讨论机器人和人工智能伦理的思辩中它都是不可或缺的参照
点。

在《道德机器》(*Moral Machine*)[22]中，温德尔·瓦拉赫(Wendell
Wallach)及其同事探讨了能够进行道德判断的自主机器人。书
中这样评价机器人三原则："作为一种道德哲学，它几乎没有提
供任何实践性的指导，令人怀疑它是否值得作为特定的算法推
荐。"话虽如此，在关于人工智能和机器人的行为"应当遵循的
基准不同于人类常见的道德准则"这一点上，书中也提道，"（机
器人三原则）包含了有趣的想法"。在本书中，我们不会全面而
深入地讨论机器人和 AI 的伦理道德。在引进图书中，上述瓦拉
赫的书和库克尔伯克（Mark Coeckelbergh）的《人工智能伦理学》

（*AI Ethics*）[23] 可以作为很好的入门。

我希望以人工智能及机器人的研究者身份而非伦理学者的身份，讨论机器人的伦理并阐述伦理与实际构建智能相结合的时候会遭遇哪些困难。

科幻小说和动画片里，经常会提及机器人三原则这样的规范性原则，并且将 AI 设定为基于三原则来行动。例如，2021 年播出的原创动画作品《薇薇：萤石眼之歌》（*Vivy—Fluorite Eye's Song*）中，便有这样的描写："人工智能只遵从一项使命，它就是这样设计的。"而主人公——自主人工智能薇薇，则被赋予了"用歌声令大众幸福"的使命。在故事中，三原则中的矛盾和局限经常会导致问题，这样的矛盾推动着剧情的发展。在这个意义上，明文规范可以搭建很好的舞台设定，有利于创作连续剧。

但是，要创造真正与人类共生的人工智能和机器人，这样的原则是否有效，又是否能引出具有建设性的讨论，这又是另一个问题了。

人工智能如何学习规则？

无论怎么深入讨论"机器人三原则"这样的规则，我们真的能够将它赋予在现实世界中行动的人工智能吗？

这类规则非常抽象，我们无法把现实世界中有可能发生的情况全都用这样的规则写下来 [①]。把语言或符号所描述的规则，与现实中的情况关联起来，是人工智能的根本性难题，其中一部分被称为"符号奠基问题"（symbol grounding problem）。

将道德规范等抽象规范应用到现实事件上，更是难度极大。坦率地说，作为 2020 年代前半期的人工智能研究者，对此问题的常见态度无非是用某种形式的规则主导的方法搪塞过去。当然，在极为严格的条件下，规则主导的方法也能让人工智能做出某种道德判断，但不过是把作为基础的本质问题后置了而已。

即使是人类，为了将语言描述的规范应用于自己的认识和行动之中，也需要高度的理解能力。它超出了本书之前各章所讨论的问题范围。

而且说到底，什么叫"伤害他人"？爱丽丝用身体撞击飒太的父亲，可能算是伤害他人，但如果去撞一个马上就要被汽车撞到的孩子，那算是伤害他人吗？在工厂里，常常会发生与接触机器相关的事故。为了防止伤害事故，机器人有可能被设计成会躲避人类以确保安全。但按照这样的规则，机器人就不可能和人类

---

① 如果能做到这一点，那么应该早就有人以 20 世纪的规则主导式方法，创造出能够应对现实世界不确定性的人工智能和机器人，深度学习也不会受到追捧了。

协同行动。从便利店里飒太触碰过爱丽丝的手，还有爱丽丝和悠翔手牵手的情况看来，她显然没有被植入这样的规则。

实际上，爱丽丝通过发展学习，已经学到了各种各样的规范。正如话语的含义是基于情境记忆的，理解语言也是基于包含现实世界多模态信息在内的经验而进行的。笔者认为，如果要让人工智能遵守用人类语言记述的道德规则，那么首先需要实现基于发展的语言理解，在这一基础上才能使之理解道德规则。

这就是为什么我总对科幻作品中的这类描写——"道德规则和行动原则的语言性记述，会作为人工智能的内在规范，控制它的自律行为"——感到不适的原因。

在这一意义上，对爱丽丝而言，"机器人三原则"根本和她无关。她大约也是第一次听到这个词吧。

回顾过往，爱丽丝在悠翔家里打碎了很多盘子。在便利店里，她抢了飒太要拿的薯片。虽然她的行动和语言理解都很稚拙，但通过反复试错实现了融入情境。即使没有自上向下的规范，她也能通过自下向上的学习来改变行动、不断成长。不再打碎悠翔家里的盘子，在某种意义上，也许是她学会了家庭内部的规则。

我认为，相比于自上向下的伦理规范，更重要的是要自下向上地学习该环境中的习惯和制度。实际上，即使是人类社会的法律，成文法和习惯法也是连续的，只看成文法的法典学不到习惯法。

在符号论中常常有这样的说法："（以语言为代表的）符号的含义是由习惯支撑的。"从现实世界的经验出发理解语言，意味着学习人类的习惯（习俗），显然在学习规范和学习语言的含义之间，并没有明确的界限。用语言记述的规范，大约要在人工智能理解语言之后，才能说给它们听吧。

促进与机器人共生的伦理

在构建发展型机器人时，机器人会具有什么样的功能，只有让它在实际环境中学习之后才知道。因为由环境得来的经验不同，最终发展出的功能也会不同。

经常对人工智能和机器人进行哲学性考察的人，有时候会认为"机器人和人工智能都有设计者，因而它们的功能和行为应该都是完全可以预测的"。但这是完全错误的。如果是基于学习的智能，其功能和行为细节都会随经验而变化。

机器人通过与人类的相互作用来学习。如果没有提供具体的相互作用，就不知道它会变成什么样子。正因为如此，在创造出发展型机器人之后，我们需要进行实证性的检验，看看它与人类的相互作用，会引导机器人表现出什么行为。

长井隆行等人的团队组织研究生和具有多模态物体概念形成及词汇获得功能的机器人在一起生活了两周时间，记录机器人在此期间获得词汇的情况，进行分析研究[24]。这样的尝试或多或少总是需要的。

　　悠翔的父亲和蒂贝博士希望利用爱丽丝来做的事情，也和这类似。他们没有告诉悠翔"爱丽丝是机器人"，而让他持续陪伴爱丽丝。

　　悠翔是研究者的亲属，实验也是非公开的，这一行为可能算是灰色地带，但就通常的研究伦理而言，这种做法确实不对。蒂贝博士他们就在这一点上遭到了神崎父亲的攻击。

　　按照标准的研究伦理规定，在邀请受试者参与实验时，必须预先告知实验内容并达成一致（知情同意）。在本章的事件中，神崎的父亲指出这一点没有得到遵守。这件事本身（至少就目前而言）不至于成为法律问题，但却是伦理问题。

　　另外，悠翔父亲和蒂贝博士等人的心情也并非不能理解。为了研究爱丽丝是否具有发展性，需要对爱丽丝施加自然的刺激。毕竟，知道对方是人或是机器人，肯定会影响自身的行为。如果知道对方是机器人，就会在先入为主的观念下行动。蒂贝博士等人在早期没有告知悠翔真相就让他陪伴爱丽丝，是为了引发悠翔他们"与人交往时自然的相互作用"。而正是由于悠翔和绘里奈在不知情的情况下做出的努力，爱丽丝才得以成长。

在这一过程中，悠翔和爱丽丝之间建立了关系性。对悠翔来说，爱丽丝成为"人"。我不知道对于这一现象本身，研究者们是否能够负责。

这种现象绝不是未来的科幻故事。如前所述，早在 AIBO 的时代，就有人把 AIBO 视为家人对待，也有人会为不能行动的 AIBO 举行葬礼。不过从我们通常的心理活动来看，这样的情况可能并无特别之处。

有人会因为宠物的死亡而陷入强烈的失落，有人会对毛绒玩具产生非同一般的依恋，即使它根本不会动。漫画中的角色会有"粉丝"，角色在连载中死去的那一天，有些人甚至会因为绝望而无法工作。这些情况和悠翔对爱丽丝的感受有多少不同呢？至少笔者无从分辨。

谈到机器人和人工智能伦理，总是老生常谈其危险性或如何管制。跳出论点的局限性回顾我们的日常行为，将伦理与技术问题关联起来，把它视为拓展和重新审视我们的心理与社会视角的机会，积极地构想一种能够包容人和机器人共存的社会形态，也是很重要的。

第 8 话

迈向未来者

在网络和社交软件上轰动一时，甚至还出现在电视新闻中的人形机器人行凶事件，大约一周后便在网络上失去了热度，只剩下一部分专家和哲学家的讨论。

　　网络上的热门话题会在接二连三的新闻面前被损耗殆尽，这种风化效应当然是原因之一，不过最大的原因还是未经加工的原始视频被泄露了。

　　原始视频被上传到视频网站上，暴露出那篇报道和经过加工的视频基本上是报道记者的自导自演。只要看过那段原始视频就会知道，少年肿胀的脸颊是和朋友打架造成的，而机器人用身体撞击对方也是出于自卫。虽然按照"机器人三原则"来说，就算是为了自卫，能否伤害人类也是重要的伦理论点，但对于大众来说，这些细节无关紧要。

看到第一条视频和第二条视频的落差，许多人都很扫兴，不再应和评论员自以为是的煽动。

那么，是谁把那段视频传上去的呢？这要追溯到结业典礼的那一天。

"你不觉得羞耻吗？就因为你，爱丽丝被带走了！你还说自己是受害者？我以为神崎你是个有骨气的男生，原来是我看错了！"

大家都走了以后，成濑绘里奈把神崎飒太喊到了体育馆后面。

喜欢的女生把自己喊到体育馆后面，本来应该是令人心跳加速的好事，但这一天他被喊出来，则完全是另一种意义上的心跳加速。

"我没打算那样啊……我爸让我做的，我也没办法。我……我也是被我爸骗了。"

听到飒太的辩解，绘里奈露出狡黠的笑。

"那你能不能帮个忙？挽回悠翔和爱丽丝的名誉，参加打败你父亲的战斗。两个人的位置是我告诉你的，好像我也参与了这场阴谋一样，很不舒服。"

"知道啦，我会帮的——你别讨厌我就好。"

"那要看你能不能成功了！好了，现在我告诉你夏日大作战的概要！"

于是两个人潜入飒太父亲的房间，从电脑里成功提取出视频的原始数据。绘里奈和飒太用另一个账号把它传到了视频网站上。

*　　*　　*

没有爱丽丝的暑假开始了。

学校虽然不上课了，但本来就不去学校的悠翔，每天的生活没什么变化。不过唯有一点变了，那就是他开始在白天出门散步了。

不知不觉，他一个人走到和爱丽丝每天散步的那条路上。虽然烈日令人目眩，但他还是戴着帽子走着。来到河岸边，会听到潺潺的水声和鸟儿的鸣声；行走在路边的行道树下，会听到知了的叫声。

暑假期间，绘里奈也会拉他出门去游泳池、去图书馆。爱丽丝不在了，时间多了，悠翔也就被她拉出去了。由于这个缘故，他也开始和绘里奈的朋友们一起玩。绘里奈趁机把神崎飒太带来的时候，悠翔吓了一跳，不过还是很快跟他和好了。

五年级的事，在河岸边打架的事，还有他父亲的事，飒太一一道了歉，绘里奈求悠翔原谅他，于是悠翔也就原谅他了。

不过，两个人单独在一起的时候，飒太向悠翔解释说，"我一直喜欢成濑"，这样很多事情就说得通了。看起来很聪明的人，也有笨拙的时候啊，悠翔想。

就这样，没有爱丽丝的夏日一天天过去。但在空调开启的客厅里，一直都横亘着一片无法填补的空白。

＊　　　＊　　　＊

耳边响起轻微的振动，手机来电叫醒了天泽悠翔。

今天有来拜访的客人，蒂贝先生。自从爱丽丝走后，他只为了探访兼报告情况来过一次，悠翔已经将近一个月没见过他了。

他的视线落在手机上，是绘里奈发来的信息。

"你好吗？暑假的作业做完了吗？上个学期的作业全都被你逃掉了，暑假的作业总该好好做了吧，不要光顾着玩！"

说实话，悠翔也不是不想回一个"这是谁的错啊！"这个夏天，绘里奈拉着他到处跑。不过也多亏了她，自己和神崎飒太和好了，与班上同学的关系也恢复了很多。总而言之，他回了个敬礼的狸猫表情，表示"了解！"

从床上爬起来下楼来到客厅，环视着空荡荡的房间，沙发上依旧没有人。爱丽丝已经离开了一个多月，自己还是没习惯，眼睛会不自觉地寻找她的身影。

爱丽丝现在怎么样了？是被关在研究室里吗？还是被拆掉了？伤害人类的人工智能……被贴上这种标签的机器人还能活下

去吗？虽然尽量不去想，但这个想法还是时不时浮现在脑海里，让悠翔浑身颤抖。

好想见爱丽丝啊，好想和爱丽丝一起生活。她就像是自己的妹妹，我们已经是一家人了。

悠翔把麦片从开封的袋子倒进深深的盘子里，又从冰箱里取出牛奶盒倒上牛奶。看看时间，已经快九点了。

就在这时，大门的对讲机响了。

"啊，来了。"

看了看可视门铃的液晶画面，那上面是一张特写的男性面孔，登记姓名显示着"蒂贝"。

"打扰了——"

熟悉的声音。

"请稍等，我马上过来。"

穿过走廊，来到大门口，套上凉鞋，把门朝外推开。夏末的阳光从外面照进来。

"我回来了，悠翔。"

站在外面的，是金发的少女。

* * *

"虽然经历了很多事，不过最终我们还是决定让爱丽丝继续住在这里。"

蒂贝喝了一口悠翔端上来的麦茶，开始说明。

"这样没问题吗？"

"啊，没问题。需要对参加人员进行说明也仅限于'实验'，现在实验已经结束了。"

"实验结束了？"

"对，而且你已经知道爱丽丝是机器人了。不过她也不能整天都在这里，每天早上我都会接她去研究所，晚上再送回来。"

"好像爱丽丝也要上学一样。"

"确实哦，就是上学，或者上班——悠翔你觉得这样可以吗？"

悠翔望向沙发上的爱丽丝。身穿白色连衣裙的少女回望，与他四目相对，仅仅这一幕就令悠翔很怀念了。横亘在客厅里的空白，已经被填上了。

"当然没问题。我已经照顾爱丽丝那么久了，现在更没问题！爱丽丝也差不多可以上幼儿园、上小学了吧？"

"哈哈哈哈，这话说得很妙。没错没错，那你打算怎么办，悠翔？"

蒂贝盯着悠翔问。

"我也打算从下学期开始去上学。所以呢，虽然学校不一样，但应该是和爱丽丝一起出家门，然后一起回来的感觉吧。"

"是吗，那可不错。不过别太勉强自己。"

"明白。"

就在这时，可视门铃又响了。

看看液晶屏幕，是熟悉的脸庞、熟悉的名字。悠翔按下通话键说："开了。"只听见大门传来打开的声音，还有高声说的"打扰了"。走廊里传来咚咚的脚步声，客厅门被推开了。

"哇！爱丽丝！好久不见了，你还好吗！"

"绘里奈！我很好呀！好久不见！又看到你了，好开心！"

"我也好开心！"

两个人抱在一起。望着她们俩，悠翔和蒂贝对视一眼——暑假就要结束了。

*　　*　　*

这是一位少女和一位少年，相遇和成长的故事。

这是一位少年遇到一位少女，稍稍向前迈进的故事。

这是终有一天会到来，我们未来的故事。

解说　创造发展型自主人工智能

创造自主机器人

爱丽丝回到了悠翔身边，悠翔、绘里奈和爱丽丝，将继续构建三个人的关系性。这种关系性也许会变得更为广泛，纳入周围的人。本书的故事虽然结束了，但在本章中，我想谈谈实际创造爱丽丝时所必需的，而之前并没有充分探讨过的内容。

首先是自主性，也就是自我控制、自主决策及持续在环境中行动的能力。从 20 世纪末到 21 世纪，当人工智能研究陷入低谷、人们寻找替代路径的时候，在复杂系统、人工生命、身体性认知科学的领域，讨论过创造自主智能的必要性。罗尔夫·普法伊弗尔（Rolf Pfeifer）等人所著的《理解智能》（*Understanding Intelligence*）[25] 等书中，探讨了设计自主机器人的重要性。

2010 年代，基于深度学习且以机器学习为核心的人工智能研究热潮中，关于自主人工智能的探讨没有大的进展。其实，不仅是对于设计能够自主动作的机器人，对于设计基于机器学习而成长的智能来说，自主性也具有重要的意义。

让我们想想看，机器人要持续性进行自主活动，需要什么知识。

人工智能应当具备的知识，一部分是广域的（全局性的）常识。例如，只要准备了训练数据和学习好的一般物体识别设备，就可以在各种环境中应用那些知识。像"什么是苹果"这样的知识，在多方面是广域的，而识别"苹果"的图像识别设备，家家户户都能用到。

不过实际上，知识又常常是局部的（本地的）。

许多知识是依存于身体、环境、语境的局部性知识，必须在其环境中学习。比如步行的程序，不同机器人搭载的各不相同，如果机器人机体的一部分劣化损伤，便需要适应变化。又比如不同家庭的垃圾桶和塑料瓶摆放的位置都不一样，机器人只能在各个家庭里学习。因此，能够通过预先搜集的数据来学习的知识是有限的。为了获得环境固有的知识，机器人只能去探索环境。

"智能"一词之所以包含"适应环境"的意思，正是因为这种局部性知识的存在，智能要求我们不断适应环境。作为其结果，获得的知识和行为便成为我们身体的感觉和经验。这些知识和行动，便是所谓的"立足于"环境。

一方面，没有身体的人工智能，所被赋予的大部分功能并不立足于环境。没有立足于环境相互作用的智能，不能基于自己的经验保持变化。

人工智能研究领域长期存在着一种错误观念，认为我们可以从上帝视角设计智能并将其赋予机器人。我想，这种观念至今还在隐秘地蔓延着。但是，目前这个世界上存在的智能，全都是通过进化和适应环境适应而诞生的。人工生命学科繁盛时期得到的这一洞见，我们有必要温故知新。

话虽如此，但自主性所需要的不仅仅是知识，让机器人在环境中"持续生存"本身也很重要。例如，在 AIBO 身上先驱性地实现的功能——而且后来也在许多扫地机器人上实现的——宠物机器人和服务机器人可以自动返回充电站。对于具有自主性的它们的"持续生存"来说，这非常重要，使得它们可以在没有人类干预的情况下无休止地继续行动、积累经验。故事中虽然没有描写爱丽丝的能量补给，但她也可以持续行动。[1]

不过，对于机器人而言，"什么是自主性？""如何获得自主性？"等问题，依然充满难度。一方面，在哲学性的理论系统中有一些论点认为，像生命那样通过细胞分裂和自我修复来实现系

---

[1] 在身体性认知科学中，这种自主机器人的"持续生存"性质，被称为"自我充足性"，与前述的"行为立足于环境"的"立足性"受到同样的重视。

统的持续更新和创建，是具备自主性的必要条件。在这种情况下，硬件上不具备这种功能的机器人，便绝对无法获得自主性。但在另一方面，笔者认为，持续更新自己生物意义上的系统（身体）与持续更新自己的心理系统，并不一定等价。在这个意义上，能够自主持续更新心理系统——自我学习，或者基于环境相互作用来持续改变用于学习的框架——的人工智能，将是机器人成为真正具有自主性的必要条件。

今后，为了追赶人类的智能，我们需要以爱丽丝这样具备身体的机器人为开端，研究能够不断适应环境的人工智能，自主性将是其中的关键。[1]

人工智能的感情和意识

"人工智能有感情吗？""人工智能有意识吗？"

在大学做人工智能的入门性讲座，或者向拜访研究室的学生介绍研究内容时，上述问题是学生们最常问的。[2]

---

[1] 关于自主性，在《AI时代的"自主性"》[26]中有更为详细的讨论，请参考。

[2] 许多问题不是关于作为技术的人工智能，而是关于这些作为拟人化主体的人工智能。这一现象本身就很有趣，因为它如实地展现出许多人是基于怎样下意识的理解来看待"人工智能"这个词的。

这两个问题的回答是相似的，它们与涉及"智能"的许多讨论中隐含的问题也有共通之处，这是关于内观与观测（或观察）之间有什么差异的问题。

在回答前面这两个问题的时候，至少需要明确两点：第一，人工智能是否实际具备感情和意识；第二，即使人工智能具备感情和意识，我们又从何判断。

关于第二个问题，需要指出的是，这样的判断即使对于人类来说也是极其困难的。我们通过内观——也就是观察自己的内心，得知自己具有感情和意识。而在大多数情况下，我们会通过这样的内观感觉到感情和意识，并从这样的经验中理解它们是什么。而第一个问题是，"对于我们自身所感受到的那些东西，人工智能是否具有和它们同质的东西？"即使对方是人类，我们又如何能从外部观测并断定，我们的邻居所具有的东西，和我们自身所具有的感情与意识同质呢？这是所谓"他心问题"的传统哲学问题。换言之，上述问题本身就包含着根本性的哲学论题。[①]

----

① 当然，即使关于感情，也有关于它的分类，或者与生理反应的关系的研究，还有关于意识状态与大脑活动监测结果的关系的研究。但大部分都不过是在讨论我们的内观如何对应于人类表现出的表情或生理反应等。即使认为人工智能具有感情和意识，那些 CPU 的监测结果，也不可能和我们大脑活动的监测结果相同。在这个意义上，要将这些人类感情和意识的研究，与机器人的感情和意识的研究关联起来，存在着结构性的困难。

第一个问题在某种意义上是技术性的，不过同时也会继承第二个问题的困难之处。也就是说，"不知道制造什么才算是制造感情和意识"。例如，早期曾经有一些程序，内部定义了表示"感情状态"的变量，作为机器人的内部状态。变量值为 1 表示"喜悦"，2 表示"愤怒"，并让机器人将这些表情表露出来。但是对于本节开头提出那些问题的人而言，用这样的回答来证明"人工智能具有感情！"显然是不会令人信服的。

实际上，这种关于内观与观测间差异的问题，潜藏于所有的智能研究中。我们通过内观来了解自己的智能，同时它会通过行为表现出来，让人得以从外部观测。由于内观很难做到，所以很多时候我们都是基于这些观测来研究人工智能。也就是说，我们将研究的"智能"归结为可以在外部判断其成功与否的"功能"，将之限定在这个范围内推进研究。为了人工智能研究中获得成果，这也是方法论上的元约束（meta-constraint），而这终究与功能主义的观点——通过从外部看到的"功能"来理解智能——相关联。①

简单来说，从功能主义的视角看来，由于其主观的特性，一般认为很难处理感情和意识。那么，在人工智能的技术开发语境

---

① 图灵测试就是基于功能主义智能观的典型例子。而这样的功能主义观点，在人工智能这样的领域本身，是非常普遍的思维方式。

下讨论它们，是否就是无意义的呢？

其实未必。如果需要创造自律性的智能，那么即使是在它"是否有用"的意义上，感情和意识的问题也是值得讨论的。在本书中，通过爱丽丝这样的自主人工智能和她的故事，展现出它的具体面貌。在这里，关于故事中爱丽丝所展现的人工智能的感情和人类的感情，我想介绍两个观点。

首先，是对于持续活动的自主主体而言的感情。爱丽丝经常做出自发行动。例如，她想要塑料瓶，也会说要自己去拿。在河岸的场景中她保护了悠翔，用身体去撞神崎的父亲。如果没有这样自发的动作，只会等待他人的指示，那么爱丽丝只能算是他律主体。自主主体必须具有这种由自发采取行动的动因。毫无疑问的是，我们每个人身上都存在这样的动因。很多动因或是某种欲求，而支撑它们的大概就是所谓的"情感"。

在人工智能领域，已经有了本书中介绍过的强化学习中的利益最大化行为、好奇心、能动探索等观点。但我不认为它们能够充分解释爱丽丝的行动。实际上，如果要创造爱丽丝这样的主体，那么为了恰当地产生出那些自主行动，需要讨论的是扮演起整合角色的"情感"系统，它能将疼痛或快乐之类的内部感知、情绪乃至社会性价值联系在一起。机器人情感的问题可以聚焦于如何制造人工智能的自主性这个课题上，从而摆脱思辨性质的探讨。

其次，是他人眼中的感情。我们之所以认为"他人有感情"，不是因为证明了他人也有与我们自内观中获得的感情同质的东西，而是因为我们相信"他人也有感情"，并且从这样的出发点去解释他人的表情和行为。换句话说，我们认为"他人有感情"，这种想法本身就是有问题的。对照本书的故事，等同于认为"爱丽丝具有感情"。

从这个观点上说，笔者无法断言本书中的爱丽丝是否具有感情。此外，我也并不打算主张，"只要从外表看起来具有感情就足够了"。不过，持续表现出自然的、看起来具有感情的行为，那么从他人的视角来看，自然倾向于将其解释为"具有感情的主体"，并引发出对应着"具有感情的主体"所采取的行动。悠翔的父亲和蒂贝博士没有把爱丽丝是机器人的事实告诉悠翔，可能也包含了这层意义。在这个意义上，感情和意识既是存在论的讨论对象，也具有社会性建构概念的侧面，可以被如此描述："因为大家都是这么想的，所以它就是有感情的。"

无论如何，我认为这些探讨，即使是以不具备身体的模式处理设备（转换"函数"）的人工智能为对象进行讨论，也无法获得明确的答案，它们应当是连同机器人的自主性共同考虑的问题。

爱丽丝成为"人"的原因

作为本章最后的论题，我想谈谈为什么对悠翔来说，爱丽丝是"人"。换个说法，也许可以说是在悠翔的世界中，爱丽丝为什么不是物质或工具，而是成了"他者"。再进一步，用比喻性的说法描述，就像是在故事中悠翔自己提到的"家人"。

人工智能和机器人，怎样才能成为悠翔眼中的"人"呢？具有人类水平的语言处理能力、环境认识能力或者运动能力就可以了吗？

作为问题设定，我认为这偏题了。当然，如果不具有某种程度的环境认识能力或者运动能力，就无法在这个世界上正常行动。但爱丽丝绝不是因为学习了巨量的词汇，也不是因为具有人类水平的物体识别能力，更不具备机器翻译之类的功能。仅从一项项的"功能"上看，爱丽丝甚至还不如现代的人工智能技术。用人类的功能来衡量，她也不会超出小学生的水平。

但是，这些认知全都是基于她自身经验得来的，并且可以立足于环境不断变化。对于智能而言，基于环境相互作用的适应性固然重要，但那不仅是身体的相互作用，符号的、语言的相互作用也同样重要。

笔者认为，对符号发生系统"为符号（语言）提供含义的系统"的适应能力，才是人工智能成为"人"的关键。

我们人类通过与环境的相互作用，发现词汇，形成各种各样的概念，对照情境理解它们的含义。词汇的理解不是被赋予的，而是在生活中自由创造出来的。我们给新的物体和概念赋予名称，创造词汇，而词汇的表现和意义也是变化的。符号发生系统就是在这种理解的基础上解释符号含义的来源。

当我们把使用语言（符号）社会视为复杂系统的时候，符号系统则是在不断创造性地形成和变化。关于符号发生系统的详细说明请参考其他书籍（见参考文献 3、20、27），不过笔者认为，长期性、持续性地适应符号发生系统，大体等价于融入我们的社会或成为交流的对象——也就是他者。换言之，爱丽丝正因为适应了符号发生系统，才被视为"人类"。

再补充一句，所谓符号式的交流是适应性的，并不意味着人工智能需要理解人类那样复杂的语言。对家庭而言，宠物猫和宠物狗也可以视为在一定程度上适应了符号发生系统，于是它们成了我们的家人。它们虽然只能说"喵喵"和"汪汪"，但家人可以立足于各种情况去理解那些语言、能动地解释其含义，同时不断调整其解释。宠物也会在长期的接触中，给家人们的行动和话语附加意义，调整自己的行动。而几乎所有的智能音箱、宠物机器人、服务机器人，都还没有这样的能力。

爱丽丝计划

最后，我想谈谈这个故事中隐含的意图，以此结束本书。

本书旨在对目前人工智能技术和相关问题以及关于发展性智能的研究做一个入门式的说明，但在其背后，也隐含着笔者撰写自己研究计划的心情。

爱丽丝当然是虚构的人工智能机器人，其中的一部分功能可以通过已经存在的技术来实现。不得不说的是，创造出"整体"的爱丽丝，在 2021 年的今天还做不到。

难在哪里呢？是那些能用某些"函数"表达的功能性能还不够高吗？如前所述，爱丽丝的功能和知识都是有限的。换句话说，开发和集成那些高性能的功能，并不是创造爱丽丝的本质问题。仅仅这些，作为研究开发还是不够的。

2010 年代是人工智能热潮涌现的时代，技术也有了长足进步。但我想停下脚步，重新思考。要创造出能和我们共同生活、不断发展的人工智能，还需要哪些东西？撰写书中故事的过程，也是笔者自己观察爱丽丝和悠翔的共同生活并以此寻找答案的过程。

这不是研究开发的工程表，其目的不是为了制造可以作为便捷工具的人工智能。它是研究开发要素的集合——要令爱丽丝这样的主体通过与环境、与他人的相互作用，发展自己的"智能"，哪些要素是必不可少的？

在 2021 年的今天，我们还不能创造出爱丽丝。但我认为，创造爱丽丝绝不是不可能的挑战，那是必定可以实现的科幻。

"莫拉维克悖论"认为，创造幼年人工智能，远比创造成年人工智能困难。正因为如此，创造具有自主性、发展性的人工智能对于生活在 21 世纪的我们，是一个巨大的挑战。为了实现它，我们必须清晰地认识哪些问题需要解决，并据此推进研究开发工作。

在这个意义上，本书的故事代表了一个前所未有的大型研究开发项目的目标。毫无疑问的是，这个项目今后不仅会由笔者和已经参与这一主题的研究者推动，也会由新参加的无数学生、开发者、研究者共同推动。

期待本书的读者也参与到这项研究中来。

＊　　＊　　＊

最后，给这个项目起个名字吧。

开发代号，爱丽丝计划（Project Alice）。

爱丽丝即为具有好奇心和情感的发展型人工智能。（ALICE=
Artificial Living Intelligence with Curiosity and Emotion.）

参 考 文 献

1　Barsalou, L.W.（1999）: Perceptual symbol systems.
Behavioral and Brain Sciences 22（4）, 577–660.

2　Nakamura, T. et al.（2009）: Grounding of word meanings
in multimodal concepts using LDA. 2009 IEEE/RSJ International
Conference on Intelligent Robots and Systems, 3943–3948.

3　谷口忠大（2020）: 心を知るための人工知能——認知科
学としての記号創発ロボティクス. 共立出版.

4　Taniguchi, T. et al.（2018）: Multimodal hierarchical
Dirichlet process–based active perception by a robot. Frontiers in
Neurorobotics 12, 22.

5　Yoshino, R. et al.（2021）: Active exploration for

unsupervised object categorization based on multimodal hierarchical Dirichlet process. 2021 IEEE/SICE International Symposium on System Integration（SII）, IEEE.

6　Saffran, J.R. et al.（1996）: Word segmentation: The role of distributional cues. J.Memory Lang. 35（4）, 606–621.

7　Saffran, J.R. et al.（1996）: Statistical learning by 8–month–old infants. Science 274（5294）, 1926–1928.

8　Mochihashi, D. et al.（2009）: Bayesian unsupervised word segmentation with nested Pitman–Yor language modeling. Proceedings of the Joint Conference of the 47th Annual Meeting of the ACL and the 4th International Joint Conference on Natural Language Processing of the AFNLP, 100–108.

9　Taniguchi, T. et al.（2016）: Nonparametric Bayesian double articulation analyzer for direct language acquisition from continuous speech signals. IEEE Transactions on Cognitive and Developmental Systems 8（3）, 171–185. doi: 10.1109/TCDS.2016.2550591

10　Araki, T. et al.（2012）: Online learning of concepts and words using multimodal LDA and hierarchical Pitman–Yor language model. 2012 IEEE/RSJ International Conference on Intelligent Robots and Systems, 1623–1630.

11　中村友昭・他（2015）：マルチモーダルLDAと NPYLM を用いたロボットによる物体概念と言語モデルの相互学習．人工知能学会論文誌 30（3），498–509.

12　Nakamura, T. et al.（2011）: Bag of multimodal LDA models for concept formation. 2011 IEEE International Conference on Robotics and Automation, 6233–6238.

13　Taniguchi, A. et al.（2017）: Cross–situational learning with Bayesian generative models for multimodal category and word learning in robots. Frontiers in Neurorobotics 11, 66.

14　Taniguchi, A. et al.（2017）: Online spatial concept and lexical acquisition with simultaneous localization and mapping. 2017 IEEE/RSJ International Conference on Intelligent Robots and Systems, 811–818.

15　Taniguchi, A. et al.（2020）: Spatial concept–based navigation with human speech instructions via probabilistic inference on Bayesian generative model. Advanced Robotics 34（19），1213–1228.

16　Mikolov, T. et al.（2013）: Efficient estimation of word representations in vector space. Proceedings of the International Conference on Learning Representations.

17 Frey, C.B. and M.A.Osborne（2013）：The future of employment: How susceptible are jobs to computerisation? https://www.oxfordmartin. ox.ac.uk/downloads/academic/The_Future_of_Employment.pdf

18 江間有沙（2019）：AI社会の歩き方——人工知能とどう付き合うか. DOJIN選書，化学同人.

19 西垣通・河島茂生（2019）：AI倫理——人工知能は「責任」をとれるのか. 中公新書ラクレ.

20 谷口忠大（2010）：コミュニケーションするロボットは創れるか——記号創発システムへの構成論的アプローチ. NTT出版.

21 アイザック・アシモフ（著）／小尾芙佐（訳）（2004）：われはロボット〔決定版〕ハヤカワ文庫.

22 W.ウォラック，C.アレン（著）／岡本慎平・久木田水生（訳）（2019）：ロボットに倫理を教える——モラル・マシーン. 名古屋大学出版会.

23 M.クーケルバーク（著）／直江清隆・他（訳）（2020）：AIの倫理学. 丸善出版.

24 Araki, T. et al.（2013）：Long-term learning of concept and word by robots: Interactive learning framework and preliminary

results. 2013 IEEE/RSJ International Conference on Intelligent Robots and Systems, 2280–2287.

25　ロルフ・ファイファー，クリスチャン・シャイアー（著）/ 石黒章夫・他（監訳）（2001）：知の創成——身体性認知科学への招待．共立出版．

26　河島茂生（編著）（2019）：AI 時代の「自律性」—— 未来の礎となる概念を再構築する．勁草書房．

27　谷口忠大（2014）：記号創発ロボティクス——知能のメカニズム入門．講談社選書メチエ．

译名对照表

天沢悠翔	天泽悠翔
成瀬絵里奈	成濑绘里奈
トゥーバー	蒂贝
アリス	爱丽丝
一般物体認識	一般物体识别
ドアホン	可视门铃
人物認識	人脸识别
スマートスピーカー	智能音箱
音声認識	语音识别
機械翻訳	机器翻译
画像認識	图像识别
ニューラルネットワーク	神经网络
条件付き確率	条件概率

事後確率	后验概率
入出力関係	输入输出关系
学習則	学习规则
機械学習	机器学习
教師あり学習	有监督学习
ディープラーニング	深度学习
関数近似	函数近似
記号的知識	符号知识
統語論	句法
ローレンス・バーサロー	劳伦斯·伯萨罗
知覚的記号	知觉符号
内的表象	内在表征
モダリティ	通道
交差状況学習	交差情境学习
マルチモーダル情報	多模态信息
クラスタリング	聚类
ベクトル	向量
確率的生成モデル	概率生成模型
クロスモーダル	跨模态
グラフィカルモデル	概率图模型
カテゴリ形成	类别形成
潜在変数	潜变量
ベイズ推論	贝叶斯推断
同時分布	联合概率分布

幼児	幼儿
赤ちゃん	婴儿
マルチモーダル	多模态
教師なし学習	无监督学习
意思決定	决策
能動知覚	能动知觉
能動探索	能动探索
マルチモーダルな物体概念形成	多模态式物体概念形成
マルチモーダルな物体概念	多模态式物体概念
トレードオフ	权衡
周辺尤度	边际似然
カルバック・ライブラー	相对熵
神崎颯太	神崎飒太
語彙	词汇
音素	音素
二重分節構造	双层组构
音響モデル	声学模型
音響特徴量	声学特征值
音列	音列
発達心理学	发展心理学
ジェニー・サフラン	珍妮・萨弗兰
文字列	文字序列
単語発見	单词发现
中村友昭	中村友昭

共起関係	相伴关系
分散表現	分布式表征
交差状況学習	交叉状况学习
谷口彰	谷口彰
形態素	词素
品詞	词性
モラベックのパラドックス	莫拉维克悖论
サブサンプションアーキテクチャ	包容式架构
知的	智能
ソフトロボティクス	柔性机器人
同時推定	联合估计
語用論	语用学
統語	句法
パラディグム	范式
サンタグム	句法
分布意味仮説	分布含义假说
文脈	语境
外部照応解析	外部对照解析
内部照応解析	内部对照解析
志向的な構え	意向立场
シンボルグラウンディング問題	符号奠基问题
ルールベース	规则主导
ジャーナリスト	调查记者
ロルフ・ファイファー	罗尔夫・普法伊弗尔

オートポイエーシス	自创生
メタ制約	元约束
記号創発システム	符号发生系统